KB267398

캐나다 워킹홀리데이 노하우

캐나다 워킹홀리데이 노하우

김예림 지음

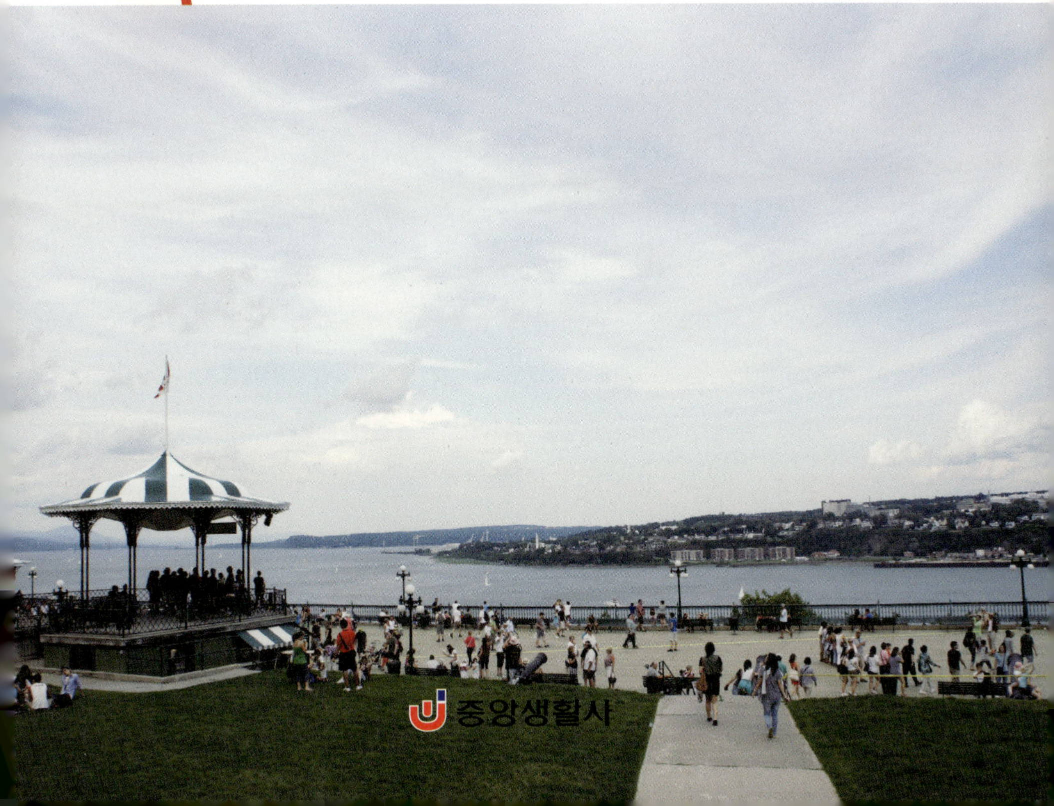

중앙생활사

About me!

나는 155cm의 작은 키, '? kg의 통통한 체형을 가진 서울에 거주하는 흔히 말하는 '흔녀'(길 가다 흔히 볼 수 있는 여자)이다. 20살에 대학교 1학년 1학기를 마친 후, 휴학하고 21살에 캐나다로 워킹홀리데이 프로그램을 떠나 여타 다른 워홀러(워킹홀리데이 프로그램 참여자)와 마찬가지로 일, 봉사, 영어공부를 한 워홀러이다. 단, 다른 워홀러와 다른 점이 조금 있다면 한국과의 연락을 모질게 끊고 영어에 매진하여 영어보다는 미적(미분과 적분)을 사랑하던 공대녀에서 타임즈가 뽑은 세계 17위권의 'University of Toronto'(저자가 합격한 학부인 Computer Science의 순위는 세계대학평가-ARWU-기준 10위), 토론토 대학 본 캠퍼스에 합격하여 2011년 9월에 입학한 대학생이라는 것이다.

About this book!

글을 쓴다고 하니 친구가 내가 쓰는 종류의 비슷한 글들(기행문, 체험수기)은 온갖 자랑 뿐이라 읽기 싫다고 말 한 적이 있다. 파티에 참석한 사진, 풍경 사진 등을 올려놓고 자랑만 엄청 할 뿐 정작 쓸모 있는 정보는 없다는 것이다. 이 책은 그런 거품은 다 생략하고 오로지 여러분의 '자립'을 위해 만들어졌다! 이 책을 쓴 내가 캐나다 워킹홀리데이 프로그램 신청부터 거주지 선정, 무료학원 수강, 대학교 입학 준비를 혼자서 한 것은 물론, '향수병', '해외생활 중 영어 기피증' 도 극복했으니 여러분은 캐나다 '자립' 생활을 위한 모든 알짜 Tip과 정보를 이 책을 통해 마음껏 누릴 수 있다. 나는 이 책을 통해서 워킹홀리데이를 통해 일해서 돈버는 방법 보다는 영어 공부해서 현지 대학에 입학하는 과정을 알려주고 싶다.

또한 '즐겁게 쓰면 즐겁게 읽을 수 있다!' 라는 생각으로 썼으므로 마치 친구처럼 친근한 말투로 다가갈 것이다. 여러분의 캐나다 생활의 든든한 조력자이자, 다정한 친구로 이 책이 자리잡을 수 있기를 희망한다.

About you!

많은 대학생이 워킹홀리데이를 희망한다는 기사를 읽은 적이 있다. 이 책을 펼친 당신은 분명 워킹홀리데이에 지대한 관심이 있는 사람일 것이다. 그렇다면 당신은 무엇을 위해 떠나려고 하는가? 이 책을 시작하기 전에 먼저 그것을 묻고 싶다. 목적이 없다고 해서 그 여정이 아예 가치 없는 것은 아니지만, 목적이 있다면 어떤 어려운 상황에도 견딜 수 있기 때문이다. 혼자서 해외생활을 하는 것은 결코 쉽지 않지만, 이 책이 여러 면에서 도움을 줄 것이다. 특히, 캐나다에서 영어공부를 하는 것이 목표라면 이 책이 당신에게 큰 도움을 줄 것이다.

당신 안에 답이 있다면!!!
다음 장을 넘길 자격이 있다.

CONTENTS

7 캐나다에서 영어 정복하기

8 캐나다에서 취업하기

CONTENTS

12 나의 에피소드

* 화폐 단위는 캐나다 달러 기준입니다.

1

홀로 하는
워킹홀리데이 신청

워킹홀리데이 스케치

캐나다 워킹홀리데이 프로그램의 신청 자격

워킹홀리데이 프로그램은 International Experience Canada 프로그램으로 한국에서 시행되고 있다. 만 18세부터 30세의 한국인을 대상으로 캐나다에서 1년간 거주하면서 돈을 벌면서 여행과 공부를 할 수 있는 멋진 프로그램이다. 단, 워킹홀리데이 프로그램은 일생에 딱 한 번만 참여할 수 있다. 두 번은 No, No. 물론 불합격 시, 신청은 중복해서 할 수 있다.

워킹홀리데이 기간을 놓치지 말자!

워킹홀리데이 프로그램은 안타깝게도 1년 내내 신청할 수 있는 프로그램이 아니다. 많은 사람이 신청기간을 놓쳐서 프로그램에 참여하지 못하는 것을 보았다. 신청기간을 잘 숙지해서 참가하도록 하자. 신청기회는 1년에 딱 2번, 상반기와 하반기에 있다. 상반기는 1월에 모집 공고가 나온다. 온라인 지원 완료 후 2월 초에 우편으로 서류를 접수한다. 하반기는 6월에 모집 공고가 나오고 7월 초에 서류를 접수한다. 매해 날짜가 바뀌기 때문에 수시로 캐나다 대사관 홈페이지를 방문해서 확인해야 한다. 또한 상반기, 하반기 신청기간 즈음에 대사관 주최로 열리는 설명회에 참여하는 것을 추천한다.

워킹홀리데이의 밝은 점과 어두운 점!

무엇이든 그것이 갖고 있는 장점을 어떻게 잘 활용하느냐가 관건인데 워킹홀리데이는 공부, 일, 여행이 자유로운 만큼 개인의 활용도에 따라 얻을 수 있는 것이 천차만별이다. 잘 활용하면 공부와 여행, 일 모두를 가질 수 있지만 잘 활용하지 못하면 영어를 제대로 배우지도 못한 채 소중한 시간을 낭비 할 수도 있다. 이 책에서는 워킹홀리데이 프로그램이 가진 장점을 최대한 활용하여 성공적인 결과로 이끄는 것은 물론, 단순히 워킹홀리데이 프로그램 참여로 끝나는 것이 아니라 이 기회를 통해 캐나다 사회로 진출 하는 방법을 알려 줄 것이다.

캐나다 워킹홀리데이에서 준비해야 할 것은 오직 세 가지!

여러분이 준비해야 할 것은 딱 세 가지이다. 첫 번째, 워킹홀리데이 프로그램에 필요한 서류와 여권. 두 번째, 목적지. 세 번째, 비행기 항공권을 포함한 해외 생활에 필요한 물품. 이 세 가지만 있다면 당신은 캐나다 어디서도 생존할 수 있다. 너무 애매모호하다고? 걱정하지 마시길. 이 세 가지를 어떻게 하면 가장 잘 준비할 수 있는지 자세히 다뤄 볼 것이니까!

5Step으로 끝내는 워킹홀리데이 신청

워킹홀리데이 신청서류 준비

많은 워홀러들이 서류를 스스로 준비하는 만큼 워킹홀리데이 신청서류를 혼자서 준비하는 것은 크게 어려운 일이 아니다. 사유서, 번역 등 영작을 해야 할 때가 있다. 하지만 인터넷에 무료 자료가 있으니 그것을 이용해서 이름하고 날짜, 개인정보만 바꾸면 된다. 서류를 준비하는 데 걸리는 시간은 대개 4~5일 정도면 충분하다.

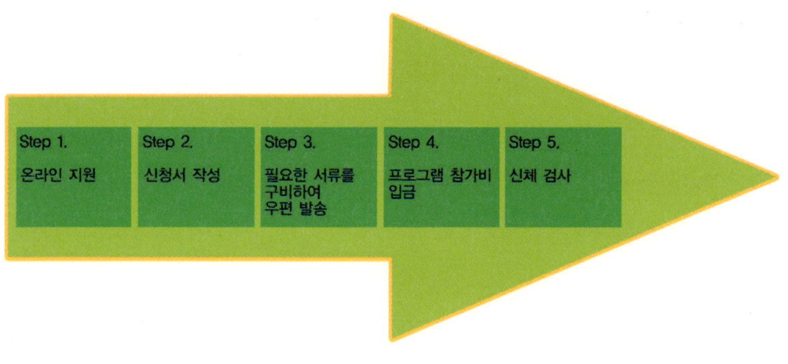

위의 그림에서 보듯이 딱 다섯 가지 단계를 거치면 비자승인 서류가 이메일로 온다!

이때, 주의할 점은 주한 캐나다 대사관 또는 캐나다 이민성으로부터 비자승인 서류와 관련하여 각 지원자에게 발송하는 모든 이메일은 're-imseoul@international.gc.ca' 또는 'Client-update-mise-a-jour@cic.gc.ca'로 오기 때문에 해당 계정에서 발송하는 이메일이 스팸메일로 분류

되지 않도록 이 계정을 이메일 주소록에 등록하거나 스팸메일함도 함께 확인해야 한다!

다섯 가지 단계 중 1, 2, 3은 워킹홀리데이 1차 심사에 포함되고 4, 5는 2차 심사에 포함된다. 자 그럼 차근차근히 다섯 가지 단계를 신명나게 밟아봅시다!

Step 1. 〈1차 심사〉 온라인 지원으로 파일 번호 받기

2013년 상반기부터 온라인 지원이 선착순으로 바꼈다. 정해진 날짜에 대사관 홈페이지에 있는 링크를 통해 온라인 지원을 할 수 있다. 온라인 지원은 간단한 신상 정보를 입력을 통해 이루어진다. 이때 파일 번호를 받는데 이 번호는 신청자의 파일을 구분하기 위한 것으로 신청서 첫페이지 왼쪽 위의 공간 및 서류 제출 시 우편 겉봉에 반드시 기재해야 한다. 파일 번호를 잊어버렸을 때 파일 번호를 확인하는 링크를 클릭하여 다시 찾을 수도 있지만 번거로움을 줄이기 위해서는 파일 번호를 미리 잘 보이는 곳에 메모해 놓자.

지원자 파일 번호 확인하기

온라인 지원을 마친 후, 추후 본인이 필요할 때마다 본인의 '지원자 파일 번호'를 위 링크 상에서 스스로 재확인할 수 있습니다. 위 링크를 클릭한 후, 본인의 '주민등록번호' 및 '이메일 주소(온라인 지원 시, Step 1에서 입력하였던 이메일 주소)를 입력하면 본인의 파일 번호를 재확인 할 수 있습니다.

Step 2. 〈1차 심사〉 신청서(IMM 1295) 작성하여 출력하기

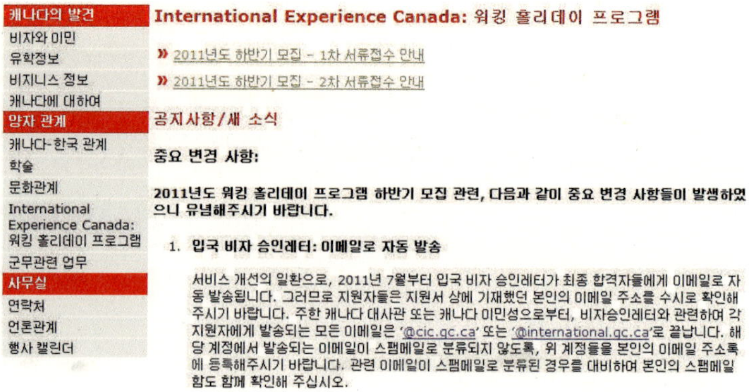

대사관 워킹홀리데이 프로그램 사이트의 체크리스트 PDF 링크를 클릭하면 신청에 필요한 서류목록과 각 서류에 해당되는 링크가 나온다. 그 링크 중 신청서(IMM1295) 링크를 클릭하면 신청서 작성을 시작할 수 있다.

① N/Anot applicable의 약자로 해당사항이 없다는 뜻이다.

② English를 선택한다.프랑스어가 영어보다 편하다면 French를 선택하는 것은 자유!

APPLICATION FOR WORK PERMIT
MADE OUTSIDE OF CANADA

1	UCI/Client ID	2	I want service in	OFFICE USE ONLY Validated

PERSONAL DETAILS

1 Full name

Family name (as shown on your passport or travel document)

Given name(s) (as shown on your passport or travel document)

2 Have you ever used any other name? ☐ No ☐ Yes

Nickname/Alias

Family name

Given name(s)

3 Sex	4 Date of birth	5 Place of birth
	YYYY MM DD	City/Town Country

6 Citizenship

7 Current country of residence:

Country	Status	Other	From	To
			YYYY-MM-DD	YYYY-MM-DD

8 Previous countries of residence: During the past five years have you lived in any country other than your country of citizenship or your current country of residence (indicated above) for more than six months? ☐ No ☐ Yes

Country	Status	Other	From	To
			YYYY-MM-DD	YYYY-MM-DD
			YYYY-MM-DD	YYYY-MM-DD

9 Country where applying: Same as current country of residence? ☐ No ☐ Yes

Country	Status	Other	From	To
			YYYY-MM-DD	YYYY-MM-DD

10 a) Your current marital status

b) **(If you are married or in a common-law relationship)** Provide the date on which you were married or entered into the common-law relationship ▶ Date YYYY-MM-DD

c) Provide the name of your current Spouse/Common-law partner

Family name

Given name(s)

FOR OFFICE USE ONLY - DO NOT WRITE IN THIS SPACE

This form is made available by Citizenship and Immigration Canada and is not to be sold to applicants.
(DISPONIBLE EN FRANÇAIS - IMM 1295 F)

IMM 1295 (01-2011) E

Canada

PERSONAL DETAILS

① Full name에 이름을 쓸 때 반드시 여권에 표시되어 있는 이름과 같게 써야 한다. Family name: 성, Given name(s): 성을 제외한 이름

② 합법적인 이름 이외에 다른 이름의 유무에 대한 질문. 간단하게 No!를 체크하는 것을 권한다.

③ 성별여성: Female, 남성: Male

④ 출생연도

⑤ 출생지

⑥ Korea를 입력! 시민권을 획득한 나라를 기재하는 란

⑦ 현재 거주하는 나라로 다음과 같이 영문으로 기재하면 된다.

Country: Korea거주 나라: 한국, Status: Citizen거주 자격: 시민

⑧ 과거 5년 동안 6개월 이상 한국 외의 나라에 거주한 경험이 있다면 기재.

> ex) 2012년 01월 01일 부터 2012년 06월 01일까지 캐나다에서 공부를 했다면
> Country: Canada, Status: Student From: Januaryr 1, 2012, To: Jun 1, 2012

⑨ Yes를 체크! 현재 취업허가서 신청을 하는 곳이 한국이니까

⑩ 미혼이라면 Single을 체크, 결혼했다면 Married를 체크. 그 외 이혼, 미망인 등 여러 가지 카테고리가 있으니 자신의 상태에 알맞게 체크! 결혼했다면 옆에 Date란에 혼인신고 한 날짜를 기재하자! 그리고 기혼자라면, 현재 배우자의 이름을 기재한다.

⑪ 이혼한 경험이 있다면 Yes! 아니라면 No!를 체크, 밑에는 예전 배우자의 이름과 혼인기간을 기재한다.

⑪ 결혼했다면 배우자의 이름과 관계아내 혹은 남편 등를 기재하자.

LANGUAGE(s)

① a) 모국어: Korean

  b) 영어와 프랑스어 중에 더 잘 쓸 수 있는 언어: English

PASSPORT

① 여권번호

② 여권 발행 국Korea

<table>
<tr><td>Applicant Name</td><td>Date of Birth</td></tr>
</table>

PERSONAL DETAILS (CONTINUED)

11 Have you previously been married or in a common-law relationship? ☐ No ☐ Yes

Provide the following details for your previous Spouse/Common-law Partner:

Family name	Given name(s)

Type of relationship	From	To
	YYYY-MM-DD	YYYY-MM-DD

LANGUAGE(S)

1 a) Native language | b) If your native language is not English or French, which language do you use most frequently?

PASSPORT

1 Passport number	**2** Country of issue	**3** Issue date	**4** Expiry date
		YYYY-MM-DD	YYYY-MM-DD

CONTACT INFORMATION

1 Current mailing address
- All correspondence will go to this address unless you indicate your e-mail address below.
- Indicating an e-mail address will authorize all correspondence, including file and personal information, to be sent to the e-mail address you specify.
- If you wish to authorize the release of information from your application to a representative, indicate their address below and on the IMM5476 form.

P.O. box	Apt/Unit	Street no.	Street name

City/Town	Country	Province/State	Postal code	District

2 Residential address Same as mailing address? ☐ No ☑ Yes

Apt/Unit	Street no.	Street name	City/Town

Country	Province/State	Postal code	District

3 Telephone no. ☐ Canada/US ☐ Other	**4** Alternate Telephone no. ☐ Canada/US ☐ Other
Type Country Code No. Ext.	Type Country Code No. Ext.

5 Fax no. ☐ Canada/US ☐ Other Country Code No. Ext.	**6** E-mail address

DETAILS OF INTENDED WORK IN CANADA

1 What type of work permit are you applying for?

2 Details of my prospective employer (attach original offer of employment)

a) Name of Employer (If you are employed by a foreign employer who has been awarded a contract to provide services to a Canadian entity, please identify the foreign employer here)

b) Complete Address of Employer (Canadian or Foreign):

3 Intended location of employment in Canada?

Province	City/Town	Address

③ 발행 날짜

④ 만료 날짜

자신의 여권을 확인한 후 해당하는 정보를 기입해주세요!

① Current mailing address우편을 받는 주소로 거주지의 주소를 적으면 ②를 생략할 수 있다.

P.O. box: 'N/A'를 입력한다.

Apt/Unit: 아파트 동/호수

Street no.: 번지

Street name: 도시 명 이하의 나머지 주소

(ex. 강동구 고덕동 삼익그린 12차 아파트)

City/Town: 사는 도시/ 마을 (ex. 서울시)

*** Street name에 주소를 표기할 때 각 행정구역 별 쉼표를 넣어주어야 하며 작은 단위부터 써야한다.**

> ex. 강동구 고덕동 삼익그린 12차 아파트
> → Sam-ik Green 12th apt, Godeok-dong, Gangdong-gu

Country: Korea

Province/State: 생략

Postal code: 우편번호

District: 광역 자치 단체 (Ex. 강원도, 경기도 등)

② Residential address: 거주지 주소를 묻는 것으로 우편 수신지와 주소가 같다면 Yes를 체크하면 된다.

③ Telephone no.: Other를 체크하고 원하는 Type을 설정한 후 Residence: 집 전화, Cellular: 휴대전화 번호, Business: 직장 연락처 Country code 에는 82를 적고 No.에 앞의 0을 제외한 지역 번호를 포함한 전화번호를 입력한다.

> ex. 서울에 살고 있는 사람의 집 전화번호가 02-111-1234인 경우
> Type: Residence, Country code: 82, No.: 21111234
> (02의 0을 제외, -를 제외하고 숫자만 기재)
> 휴대폰의 경우 010-111-1234라면
> Type: Cellular, Country code: 82, No.: 101111234를 기재

④ Alternate Telephone no.: ③에 입력한 전화번호 이외의 번호를 묻는 것으로 ③에 집 전화번호를 입력했다면 ④에 핸드폰 번호를 입력하면 된다.

⑤ Fax no.: 팩스 번호

⑥ Email address: 이메일 주소반드시 주로 쓰는 이메일 주소를 입력 한다, 나중에 이 이메일 주소로 '신체검사 양식(IMM 1017)'이 발송됨은 물론 '비자승인 서류'가 오기 때문이다!

DETAILS OF INTENDED WORK IN CANADA

① International Experience Canada Program을 선택

② a) N/A

   b) N/A

③ 희망 근무 지역서류 진행을 위해 희망하는 Province와 City를 임의로 기재

> ex. Province: ON(Ontario), City: Toronto, Address는 "I haven't decided yet."이라고 아직 결정하지 않았다고 입력하면 된다.

DETAILS OF INTENDED WORK IN CANADA(CONTINUED)

④ 'Working Holiday Program' 이라고 두 개의 공백 란에 모두 적으면 된다.

⑤ 생략

⑥ 생략

LIVE-IN CAREGIVER PROGRAM

생략

EDUCATION

대학 이상의 학력이라면대학 재학 중인 것도 포함 Yes를 선택, 그렇지 않다면 No를 선택하고 Yes를 선택한 경우 최종학력의 정보를 기재하면 된다. 이때, From-To: 재학 기간, Field of Study: 공부 분야, School/Facility name: 학교/학과 명, city/town, Country: 학교 주소를 입력한다.

지난 10년간의 직업경험을 적는다. 해당 기간 동안 취업경험이 없는 지원자들은 현재 활동사항을 '현 활동사항/직업Current Activity/Occupation'란에 간략하게 적는다.

> ex. 학생이면 '현 활동사항/직업(Current Activity/Occupation)' 란에 "Student"라고 기입

From-To: 재직 기간

Current Activity/Occupation: 활동 사항/직업 명

Company/Employer/Facility name: 근무처/고용인/(학생)학교 명

City/Town, Country: 근무처 주소

BACKGROUND INFORMATION

① a) 지난 2년간 본인 혹은 가족 구성원이 폐결핵에 걸린 적이 있거나 결핵 환자와 접촉하였는지 묻는다.

b) 캐나다 거주 시 의학적 도움이 필요할 만한 정신적/신체적 장애가 있는지 묻는다.

c) 위의 사항들에 No를 체크했다면 생략, 한 가지라도 Yes를 했다면 관련 사실에 관해 좀 더 구체적인 설명을 적어야 한다.예를 들면 폐결핵에 감염된 적이 있는 가족의 이름

BACKGROUND INFORMATION(CONTINUED)

② a) 캐나다 비자를 이전에 신청한 적이 있는지 묻는다. 없다면 No, 있으면 Yes.

b) 캐나다 비자가 거부된 적이 있는지 묻는다. 없다면 No, 있으면 Yes.

c) 캐나다나 다른 나라에서 추방된 적이나 입국이 거부당한 적이 있

는지 묻는다. 없다면 No, 있으면 Yes.

d) 위 질문 사항이 모두 No라면 생략한다. 하나라도 Yes를 선택했다면 조금 더 자세하게 어떤 비자를 신청했었는지a의 경우 또는 왜 비자가 거부b의 경우 되었는지, 혹은 입국 거부 당했는지, 왜 추방당했는지c의 경우 간략하게 쓴다.

③ 범죄를 저지르거나 체포된 적이 있는가? 당연히 NO!

④ a) 군대를 제대했다면 Yes, 아니면 No.

b) 군대를 제대했다면 군대에서 보낸 기간과 지역을 적는다.

⑤ 보안 관련하여 국가에 소속되어 일한 적이 있다면 Yes, 아니면 No.

Applicant Name	Date of Birth

BACKGROUND INFORMATION (CONTINUED)

2 a) Have you ever previously applied for any Canadian visas (For example: Permanent Resident, Temporary Resident (Visitor, Student, Worker), Temporary Resident Permit)? ☐ No ☐ Yes

b) Have you ever been refused any kind of visa to travel to Canada? ☐ No ☐ Yes

c) Have you ever been refused admission or been ordered to leave Canada or any other country? ☐ No ☐ Yes

d) If you answered "yes" to question 2a), 2b), or 2c) please provide details.

3 Have you ever committed, been arrested for or been charged with any criminal offence in any country? ☐ No ☐ Yes

4 a) Have you ever been in a military, militia or civil defence unit or the police? ☐ No ☐ Yes

b) If you answered "yes" to question 4a), please provide dates of service and countries where you served.

5 Have you ever been employed by a government in a security-related capacity? ☐ No ☐ Yes

6 Have you ever held a position of authority in any government, or judiciary or a political party? ☐ No ☐ Yes

7 Have you ever in periods of either peace or war, been involved in the commission of a war crime or crime against humanity, such as: willful killing, torture, attacks upon, enslavement, starvation or other inhumane acts committed against civilians or prisoners of war, or deportation of civilians? ☐ No ☐ Yes

If you answered "yes" to any of questions 3 to 7 above, or upon request of a visa officer, you MAY BE REQUIRED to fill out IMM 5257 Schedule 1.

I consent to the release to Citizenship and Immigration Canada (CIC) and Canada Border Services Agency (CBSA) of all records and information for the purpose of processing my request that any government authority, including police, judicial and state authorities in all countries in which I have lived may possess about me. This information will be used to evaluate my suitability for admission to Canada or to remain in Canada pursuant to Canadian legislation.

I declare that I have answered all questions in this application fully and truthfully.

____
Signature of Applicant or Parent/Legal Guardian's for a person under 18 years of age.

____
Date: YYYY-MM-DD

IMPORTANT NOTE:
This application must be signed and dated before it is submitted.
Do not forget to include: photos, fees (if applicable), and any other documents required by the visa office.

⑥ 정부나 정치 조직에 속하여 일한 적이 있다면 Yes, 아니면 No.

⑦ 전쟁과 관련된 범죄에 가담한 적이 있는지 묻는 것으로, 당연히 NO!!!

신청서 밑에 Validate 버튼을 누르면 5개의 바코드가 생성된다. 그 바코드를 포함한 5장을 출력해서 마지막 페이지 서명 란에 친필서명 후 날짜를 기재하면 신청서 작성 THE END!

Step 3. 〈1차 심사〉 제출기간에 서류를 우편으로 발송

온라인으로 신청서 작성을 완료하고 파일 번호도 받았다면 이제 해야 할 일은 1차 서류지원에 필요한 서류들을 모으고 번역이 필요한 서류들을 번역하는 것이다.

1차 서류 심사에 필요한 서류는 다음과 같다.

① IEC 신청서

② IMM1295 신청서

③ 최소 2년간 유효한 여권 사본

④ 사진 뒷면에 본인의 이름과 생년월일을 적은 여권용 사진 1장

⑤ 만 18세 생일 이후의 자신의 모든 활동기록에 대한 개인기록 요약본

⑥ 개인기록 요약본에 기재한 만 18세 생일 이후의 모든 활동사항에 관련된 증빙서류개인기록 요약본은 캐나다 대사관 홈페이지에 체크 리스트에서 관련 링크를 찾을 수 있다.

⑦ 지원자 본인의 가족관계 증명서

⑧ 기본 증명서

⑨ 재정서류지원자 본인의 최근 '예금 잔액 증명서' 또는 재정보증인의 '예금 잔액 증명서' 이때, 이 예금 잔액이 왕복 항공료와 1년간의 생활비를 충당할 수 있는 금액 (최소 캐나다 달러 5,000 = 약 550만 원, 2012년 7월 기준)이어야 하며, 보증인(부모 또는 배우자)

의 재정서류를 제출할 경우 '보증인의 가족관계 증명서'를 함께 제출해야 한다.

⑩ 수사 경력 조회회보서 원본

1차 서류에 관한 자세한 사항은 반드시 대사관 홈페이지의 checklist 링크에서 확인해야 한다.

*** 3단계:**

새 신청서 작성 및 온라인 지원을 완료한 지원자 분들은, 준비된 신청서와 함께 아래 요청 서류들을 빠짐없이 정확히 준비하여 기한 내 제출해 주십시오.

요청 서류 리스트를 아래 'Checklist' 상에서 상세히 확인할 수 있습니다.
해당 Checklist를 본인의 지원 서류들과 함께 제출할 필요는 없습니다.

아래 Checklis를 다운로드 받으신 후, 캐나다-한국 워킹 홀리데이 프로그램에 지원하기 위해
제출해야 하는 서류들을 면밀히 준비해 주십시오. 심사 기간이 지연되지 않도록,
체크리스트 상에 기재된 서류 순서대로 해당 서류들을 배열하여 제출해 주십시오.

» Checklist | PDF (103 KB)

1차 서류 영어 번역을 손쉽게 끝내는 법? 1차 심사에 필요한 모든 서류는 영문으로 제출해야 하기 때문에 영어 번역이 되지 않은 원본서류는 영어로 번역 해야 한다. 앞이 막막하다고? 전혀 걱정하지 않아도 된다. 자료는 많으니까! 워킹홀리데이 신청서류는 공증을 필요로 하지 않기 때문에 캐나다 워킹홀리데이 카페빨간 깻잎의 나라, http://cafe.daum.net/roy815에서 검색하면 쉽게 영어 번역이 된 서류 양식을 구할 수 있다. 이 양식을 다운로드 받아 신상 정보와 날짜만 약간 수정한 후 출력하여 한글 원본서류와 함께 첨부하면 된다.

준비된 서류들을 모아 우편으로 보내기! 온라인 신청서를 작성하여 출력한 후 나머지 필요한 서류들을 모으면 1차 서류 준비가 끝난다.

이제 필요한 서류들을 모아 서류 발송기간 안에 우편으로 대사관에 발송한다.

이때, 실수하기 쉬운 몇 가지가 있는데 이 점을 확실히 체크하여 실수없

이 서류를 접수하자.

우편으로 보내기 전 확인할 사항은 다음과 같다.

1. 체크리스트에 표시된 서류를 모두 갖추었는가?

2. 필요한 서류들을 번역하고 번역본을 원본에 부착하였는가?

3. 여권용 사진 뒷면에 이름과 생년월일을 기재하였는가?

4. 취업허가증 신청서IMM1295에 '친필 싸인' 을 기재하는 것을 잊지 않았는가?

'지원자 파일 번호' 를 취업허가증 신청서IMM1295 왼쪽 위의 공간에 기재하였는가?

5. 우편 봉투 겉면에 '지원자 파일 번호' 를 기재하고 'Working Holiday' 라고 적었는가?

실수 없는 서류 접수를 위해 위 사항들을 우편봉투를 봉하기 전에 체크하고 보내자.

step 4. 〈2차 심사〉 프로그램 참가비용 영수증을 대사관에 발송

1차 합격을 했다면 이제 2차를 준비해야 한다.1차 합격자 명단은 캐나다 대사관 홈페이지를 통해 공지된다. 2차는 1차보다 준비할 것이 없다. 프로그램 참가비용을 은행 계좌로 보낸 후 입금 영수증 원본을 대사관에 발송하면 끝이다.

참가비용과 계좌에 대한 정확한 정보는 대사관 홈페이지에서 2차 접수 기간에 확인 가능하다. 인터넷이나 텔레뱅킹은 이용할 수 없으며 은행창구나 ATM 기계를 통해 송금한 영수증만 유효하다. 이때, 중요한 것은 영수증 위에 '본인의 이름' 과 '지원자 파일 번호' 를 반드시 적고, 영수증 상에 '입금계좌' 대사관 계좌 및 '입금금액' 이 정확히 표기되었는지 확인한 후 제출해야 한다.

주의할 점! 1차 심사 때와 마찬가지로 2차 심사 제출 서류입금 영수증를

넣은 우편 겉봉에 '본인의 이름'과 '지원자 파일 번호'를 반드시 적어야
한다.

step 5. 〈2차 심사〉 신체검사 서식(IMM 1017)을 갖고 병원에 가기

1차에 합격하고 2차 서류를 보낸 사람에 한해서 신체검사 서식이 이메
일로 온다. 서식을 출력하여 이메일에서 대사관이 지정한 병원 중 가장
가까운 곳으로 가서 신체검사를 받으면 된다.

신체검사 병원에 대한 정보는 신체검사 서식을 첨부한 '신체검사 안내
이메일'에 자세히 나와 있다. 소변검사가 신체검사 과정에 포함되어 있으
므로 생리 중인 여성분은 생리가 끝난 2일 후쯤에 가는 것이 정확한 검사
를 위해 좋다.

이와 같은 다섯 가지 Step을 밟고 나면 이메일로 비자승인 서류가 오기
만을 기다리면 된다. 이 비자승인 서류를 캐나다 입국 시 비자로 바꿔주
니까 출국할 때 출력해서 가져가야 한다.

IEC를 통한 프로그램 소개에 관한 캐나다 대사관 링크
http://www.canadainternational.gc.ca/korea-coree/experience_
canada_experience/recognized_organizations-organisations_
reconnues.aspx?lang=kor&view=d

워킹홀리데이
Q&A

Q 신체검사는 언제 받으면 좋을까?

A 신체검사 결과서 서식과 신체검사 관련 주의사항은 1차 심사 합격자 중 프로그램 참가비용을 낸 사람만 이메일로 받을 수 있다. 신체검사는 주한 캐나다 대사관으로부터 해당 메일을 받은 후에 가능하다.

Q 워킹홀리데이 신청을 외국에서 할 수 있을까?

A No. 대한민국에 거주하는 사람만 신청이 가능하다.

Q 캐나다에 언제까지 도착해야 할까?

A 최종 합격자는 메일로 송부된 비자승인 서류Letter of Introduction상에 표기된 유효 기간이 만료되기 전에 캐나다 입국 심사장에 도착해야한다. 대개 이 유효기간은 신체검사를 받은 날 이후로 약 1년간이다.

Q 최종 합격하여 비자승인 서류를 받은 이후, 지원 취소 및 프로그램 참가비 환불 신청 또는 추후에 동일 프로그램에 재 응시가 가능할까?

A No! 최종적으로 비자승인 서류를 발급 받은 지원자는 본인의 사정에 의해 지원 취소 및 프로그램 참가비 환불을 신청할 수 없으며 추후 동일 프로그램에 재 응시 할 수 없다.

단, 2차 심사에서 거절된 경우단, 지원자의 잘못으로 거절된 경우를 제외 혹은 최종합격 전비자승인 서류 발급 전에 영어 또는 불어로 '지원 취소' 서류를 작성하여 친필 서명한 후 제출한 경우에는 프로그램 참가비IEC FEE를 환불 받을 수 있다.

Q 신체검사를 완료한 시점으로부터 나의 최종 지원 결과를 알기까지 얼마의 시간이 걸릴까?

A 캐나다 대사관에서 신체검사일로부터 21일 이내에 지원자의 80%이상 최종 심사 절차를 마무리하는 것을 목표로 하고 있어서, 신체검사일로부터 한 달 정도면 결과를 알 수 있다.

workingholiday

2

목적지 정하기

워홀러에게 인기 있는 거주지 소개

세계에서 두 번째로 큰 나라

캐나다는 세계에서 두 번째로 큰 나라이다. 무작정 캐나다에 가기로 결정했다고 해서 갈 순 없다. 캐나다의 '어디'로 갈 것인지 반드시 먼저 정해야 한다. 많은 워홀러와 학생이 캐나다의 대도시인 밴쿠버Vancouver와 토론토Toronto로 떠난다. 꼭 대도시로 가야할까? 내 대답은 NO!이다. 나는 캐나다 동쪽에 위치한 섬 PEI와 온타리오의 위성도시격인 해밀턴Hamilton에 거주하면서 대부분의 시간을 보냈다. 남들이 알아주는 대도시가 아니라도 이곳에서 나는 일자리를 구할 수 있었고 언어·문화 교환 동아리를 만들어서 많은 친구를 사귀고 무료로 영어수업도 받을 수 있었다. 어디를 가느냐가 중요한 것이 아니라 어떻게 지내느냐가 중요한 것이다. 남들이 가지 않은 곳이지만 개인적인 조사를 통해 가고 싶은 곳이 있다면 그 곳으로 떠나는 것을 강력히 추천한다!

그래도, 하지만……이라는 워홀러를 위해 인기 있는 거주지와 내가 직접 머물렀던 거주지의 소개를 하고자 한다.

토론토Toronto

토론토는 캐나다에서 가장 큰 도시로 온타리오Ontario 주의 주도이다.

토론토의 기후: 주변에 산이 없기 때문에 여름에는 서울보다 햇살이 더 따사롭다. 반대로 겨울에는 추위를 얕보고 얇게 입고 나가면 얼어 죽을 수도 있다. 변덕스런 날씨다.

일자리 환경과 시급: 많은 사람이 일자리를 구하고 있어서 전국 평균실업률 보다 2%가량 높은 실업률을 가지고 있다. 최저 시급은 10.25CAD이다.

방 빌리는 비용(월): 400~650CAD

장점: 대도시라서 생활하기 편리하고 수준 높은 사립영어학원 등이 많이 있으며 토론토에 거주하고 있는 혹은 거주했던 한국인이 많기 때문에 보다 풍부한 정보를 얻을 수 있다.

단점: 유색인종 비율이 높으며 한국인 또한 많이 거주하고 있고, 대도시라서 생활의 편리함은 누릴 수 있지만 제대로 된 캐나다를 체험하기 어려울 수도 있다.

밴쿠버Vancouver

밴쿠버는 캐나다의 브리티시 컬럼비아British Columbia 주 남서부에 있는 도시로 영국 주간지 이코노미스트에서 7년 연속 '세계에서 가장 살기 좋은 도시'로 선정하였다. 밴쿠버는 캐나다에서 토론토와 몬트리올 Montreal 다음으로 세 번째로 큰 도시이다.

밴쿠버의 기후: 밴쿠버는 1년 내내 온화하고 쾌적하다.

일자리 환경과 시급: 유명한 관광지가 많으며 부자가 많이 살기로 유명한 밴쿠버는 실업률이 평균치에 비해 1.4 포인트 가량 낮다. 최저 시급은 10.25CAD이다.

방 빌리는 비용(월): 450~800CAD

장점: 여러 가지 볼거리도 많고 기후가 온화하여 생활하기에 큰 불편함이 없다. 토론토와 마찬가지로 어학관련 인프라가 매우 잘 형성되어 있다.

단점: 무려 시민의 1/30이 이민자일 정도로 많은 외국인이 살고 있기 때문에 완벽한 영어 환경을 원한다면 다른 곳을 선택하는 것이 좋다.

캘거리Calgary

캐나다 앨버타 주에서 제일 큰 도시로 1988년 동계 올림픽 주최지이다. 앨버트 주의 남부지방의 고원지대에 있으며 로키산맥에서 80km 떨어져 있는 곳에 위치해 있어서 겨울스포츠로 유명한 곳이다. 대도시권 인구 면에서는 캐나다 전체에서 3위를 차지하고 있다.

캘거리의 기후: 캘거리의 겨울은 길고 추우며 여름은 시원한 편이다.

일자리 환경과 시급: 평균실업률보다 1.6 포인트 가량 낮다. 최저 시급은 9.40CAD이다.

방 빌리는 비용(월): 400~650CAD

장점: 인구가 많은 대도시답게 영어 배울 수 있는 인프라가 잘 형성 되어있고 생활이 편리하다.

단점: 겨울이 길어 4~5월까지 눈이 오는 경우도 있고 춥다.

저자가 머물렀던 거주지 소개

샬롯 타운 Chalotte Town

캐나다 대서양 연안에 있는 PEI의 주도이다. 《빨강머리 앤》으로 유명한 캐나다의 여성작가 루시 모드 몽고메리의 소설 배경지로도 유명한 아름다운 관광 도시이다.

기후: 온난하며 섬이라서 바람이 많이 분다. 따라서 여름에도 해변에 누워 시원한 바람을 맞을 수 있다.

일자리 환경과 시급: 관광도시이고 작은 섬이라서 실업률이 높은 편이다. 평균실업률보다 5포인트 가량 높다. 최저 시급은 10.00CAD이다.

방 빌리는 비용(월): 350~500CAD

장점: 이민자 수가 아직 적고 캐나다 현지인이 많은 편이며 주민들이 대부분 호의적이고 친절하다. 또한 관광지답게 아름다운 환경이다.

단점: 무료 혹은 저렴하게 운영되는 영어 인프라가 미흡하며 사립학원을 다닐 경우 영어 학습 비용이 비싸고 일자리 구하기가 어렵다.

캐나다 온타리오 주에 있는 도시로 캐나다에서 아홉 번째로 큰 도시이다. 공업도시로 유명하며 의과대학으로 유명한 맥마스터 대학교McMaster University가 있다. 해밀턴은 약 세 개의

구역으로 나뉘어져있다. 맥마스터 학교 앞의 학생들이 거주하는 맥마스터 대학 근방 지역방 rent를 많이 한다., 맥마스터 교수와 연구원 등의 가족이 거주하는 던다스 지역방 rent를 거의 하지 않는다., 일반 주민과 공장 노동자가 거주하는 동부와 다운타운 지역이다.

기후: 토론토와 가까운 거리로 기후가 비슷하다.

일자리 환경과 시급: 실업률 8.7포인트로 전국 평균과 같다. 최저 시급은 10.25CAD이다.

방 빌리는 비용(월): 350~600CAD

장점: 워킹홀리데이 비자 소지자들이 무료로 영어를 수강할 수 있는 학교(St. Charles)가 있고 도서관 시설이 잘 되어있으며 대학교 앞에 방을 구하기 쉽고 교통 또한 편리하다.

단점: 토론토처럼 역시 유색인종의 비율이 높다. 공장 노동자가 거주하는 동부와 다운타운 지역은 좀 위험하며 비위생적이다.

* 실업률 통계 자료 링크(2011년 7월에 참고)
http://www.theglobeandmail.com/report-on-business/unemployment-rates-across-canada/article1276023/

If you can dream it, you can do it.

−Wlat Disney

만약 당신이 그것을 꿈꿀 수 있다면 당신은 할 수 있다.

−월트 디즈니

출국 전 꼭 챙겨야 하는
필수 준비물

편도? 왕복?
항공권 종류와 구매방법

왕복 항공권

왕복 항공권은 비행기를 타고 도착한 곳과 집으로 다시 돌아올 때 출발지가 같아야 한다. 예를 들면 토론토로 가는 왕복 항공권을 샀다면 나중에 한국으로 돌아올 때도 토론토에서 와야 한다. 또한 구매 시 돌아올 날짜를 미리 정해야 한다. 귀국 날짜는 항공 회사에 연락해서 조정이 가능하지만 여러 가지 사정에 따라 변경하지 못할 수도 있다.

왕복 오픈 항공권

왕복 오픈 항공권은 왕복 항공권과 마찬가지로 비행기를 타고 간 곳에서 다시 돌아와야 하지만 돌아올 날짜는 6개월 왕복 오픈 항공권이면 6개월, 1년이면 1년 중 아무 날짜나 마음대로 정할 수 있다. 하지만 성수기 때 좌석이 없으면 귀국 항공권을 구하지 못할 수도 있으며, 항공권 유효기간 동안 귀국 항공권을 구하지 못했을 때는 오픈 항공권은 무용지물이 된다. 따라서 오픈 항공권이라고 해도 3~4개월 전에 미리 귀국 행 좌석을 구해야 한다. 가격은 왕복 항공권과 비슷하다.

편도 항공권은 한 방향 즉, 출국에 대해서만 구매하는 항공권이다. 돌아올 때 항공권을 다시 구매해야 한다는 단점이 있지만 도착한 도시와 다시 돌아올 도시가 달라도 상관없어서 좀 더 자유롭다. 예를 들면, 한국에 귀국하기 전에 미국을 여행하고 미국에서 한국으로 오는 편도 항공권을 구매하여 돌아 올 수도 있다. 한국 항공권 사이트와 외국 항공권 사이트를 모두 이용할 수 있다. 외국 사이트를 이용하면 좀 더 저렴한 항공권을 구매할 수 있다. 영어로 잔뜩 쓰여 있는 외국 사이트를 내가 과연 이용할 수 있을까? 그런 고민은 NO! 사이트 이용방법은 후에 다시 자세하고 쉽게 알려주겠다.

값싼 항공권 구매방법

G-market 이용

G-market에서 다양한 항공권 판매 회사의 티켓을 낮은 가격 순으로 검색 할 수 있다. 나는 여러 종류의 항공권 판매 회사의 티켓을 한 눈에 볼 수 있어서 G-market을 통해 전체적으로 가격대를 파악한 후에, 항공권 판매 회사 사이트에 접속하거나 개별적으로 전화하여 좀 더 싸고 좋은 티켓이 있는지 알아보는 방법을 택했다. G-market에서 검색한 항공권 판매 회사의 사이트에 접속하여 G-market에 올라오지 않은 티켓을 몇 개 발견 할 수 있었고, 이미 가격대를 파악했기 때문에 빠르게 구매 할 수 있어서 시간낭비를 줄일 수 있었다.

> **추천 항공권 판매 회사 사이트**
> 투어2000 여행사 www.tour2000.co.kr　　롯데관광 www.lottetour.com
> 와이페이모어 www.whypaymore.co.kr　　자유투어 www.jautour.com
> 투어익스프레스 www.tourexpress.com　　웹투어 www.webtour.com
> 탑항공 www.toptravel.co.kr

피하자! 항공권 성수기!

항공권 성수기는 출국 성수기와 귀국 성수기로 나뉘어져있다. 한국에서 캐나다로 가는 비행기 항공권은 관광객들이 몰리는 7~8월과 유학생들이 9월 학기를 위해 출국하는 9월 초이다. 귀국 성수기는 캐나다 학기가 끝나는 4~5월이다.

20만 원으로 미국 가기

외국 항공권 판매 사이트

구글에서 'cheap air ticket'을 검색하면 정말 무궁무진하게 많은 외국 항공권 판매 사이트가 나온다. 그 중에서도 flight network는 캐나다와 미국 간의 항공권을 저렴하게 판매한다. vayama사이트는 항공권을 검색한 후 예약하기 쉽게 디자인이 잘 되어있다. 사이트 몇 개를 비교해보는 것은 언제나 좋은 항공권을 사는 첫걸음이므로 하나만 보지 말고 모든 사이트에 접속하는 것을 추천한다.

> **추천 외국 항공권 판매 사이트**
> flight network www.flightnetwork.com
> vayama www.vayama.com
> cheaptickets www.cheaptickets.com
> expedia www.expedia.com

외국 항공권 판매 사이트 이용방법

① Round trip은 왕복 항공권, One way는 편도 항공권이므로 입맛대로 클릭하고, from=leaving from 창에는 출발도시를 입력하고, to=going to 창에는 도착도시를 입력한다. time창에는 시간에 상관없이 가능한 싼 티켓을 사고 싶다면 Anytime으로 설정하자.

② departing창을 클릭하면 출발날짜를 지정하는 달력이 뜬다. 편도행이라면 출발날짜만 클릭하면 되고 왕복 항공권이라면 returning창을 클릭

하여 도착날짜도 지정한다.

③ 탑승 인원을 지정한다. 어른 1명이라면 Adult를 한 명으로 설정하자.

④ class는 좌석 등급으로 저렴한 항공권을 구하고 싶다면 가정 저렴한 등급인 Economy를 설정혹은 coach한다.

이제, 'search' 버튼을 누르자!

'search' 버튼을 누르면 위의 선택한 조건에 알맞은 좌석을 볼 수 있다. 이 때, 가격뿐만 아니라 출발시간, 경유하는 횟수 등을 고려해서 자신의 입맛에 맞는 항공권을 찾아서 예약하자.

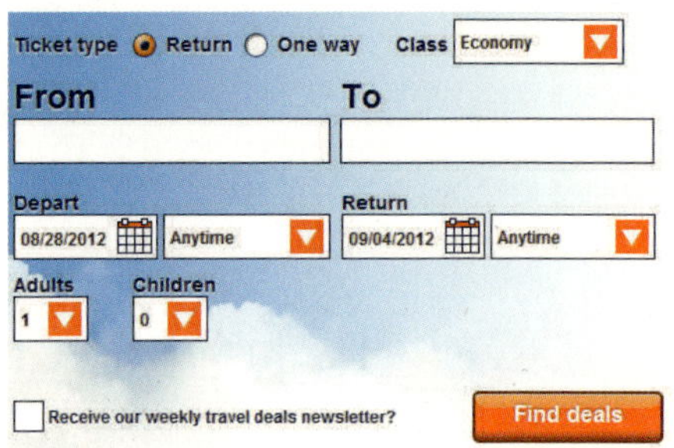

항공권 결제 방법

원하는 항공권을 찾아 결제 버튼을 클릭하면 결제할 수 있는 창이 뜬다. 이 창에 몇 가지 신상 정보와 신용카드 정보를 입력해야 한다. 이 창의 traveler란은 여행자의 정보에 관해 기입하는 란이다. title은 miss인지 mr인지 성별 및 결혼 여부에 관해 체크하는 란이다. 다음은 이름과 생년월일을 차례대로 기록하면 된다. optional로 되어있는 창은 쓰지 않아도 된다. contact information은 이메일 주소와 전화번호를 쓰는 란이다. 결제는 신용카드로 이루어진다. payment결제란은 크게 카드 정보를 쓰는 란과 카드 청구서가 전송될 주소를 쓰는 란으로 이루어져있다.

카드 정보를 기입할 때, 카드타입은 visa와 master 등이 있는데 카드 앞면을 보면 알 수 있다. 카드 번호는 카드 앞에 있는 숫자를 적으면 되고 security number는 카드 뒷면에 있는 숫자의 끝 3자리 혹은 4자리를 가리키는 것인데 대개 사람들이 모르기 때문에 security number하고 what is it?라는 버튼이 있다. 이 버튼을 누르면 사진과 함께 자세한 설명이 뜨니 그림을 보고 찾으면 되겠다. 주소는 카드 청구서를 받을 주소를 쓰면 된다. 한국 집주소를 영어로 쓰면 된다. 종종 어떤 사이트는 보험이나 다른 부가적인 상품을 살 것인지 물을 수도 있다. 처음에는 모르고 보험을 꼭 들어야 하나 생각하기 쉽지만 전혀 필요 없으니 깔끔하게 무시해도 좋다. 이렇게 다 기입하면 결제가 끝난다. 결제 확인은 메일을 통해서 온다. 이 항공권 결제 확인 메일ticket confirmation/receipt을 출력하여 공항으로 가져가서 항공권을 발권하면 된다.

비행기 출발시간과 도착시간

나 같은 경우는 출국 할 때는 전혀 문제가 없었는데 귀국할 때, 시간을 제대로 확인하지 않고 무조건 저렴한 표를 구매하는 바람에 아침 7시 항공권을 끊어 새벽 5시에 출발해야 해서 힘들었던 적이 있다. 출발시간을 확실히 확인하고 가야한다. 도착시간 또한 너무 늦은 시간인지 아닌지 확인해야 한다. 너무 늦게 도착하면 힘든 것은 물론이고 위험하기 때문이다.

짐 쌀 때 주의해야 할 점!

대부분의 Economy좌석이 하나의 기내 가방과 하나의 휴대물노트북 가방, 카메라 가방 등과 화물 가방 2개를 허용한다. 하지만 각 항공사별로 수화물 규정이 다르니 확인이 필요하다. 나는 총 6번의 비행동안 각각 다른 항공사를 이용하였지만 그때마다 같은 규정을 적용받았으니 이것이 국제적인 기준인 것 같다. 이때 화물가방은 항공사가 정한 일정 무게를 초과했을 때 추가요금을 더 내므로 항공사 규정을 확인한 후 집에서 저울에 달아보고 가도록 한다. 1~2kg 정도 초과 했을 경우 따로 요금을 부과하지는 않지만, 만일을 대비해서 딱 맞춰가는 것이 좋다.

캐나다 생활에 꼭 필요한 다섯 가지 준비물

첫 번째, 비자승인 서류

비자승인 서류는 반드시 챙겨야 하는 필수품이다. 이 비자승인 서류 없이 캐나다에 갔다가는 우리가 원하는 워킹비자를 받을 수가 없기 때문이다! 비자승인 서류를 이메일로 받으면 출력하여 입국심사 시 여권과 제출해야한다. 이때, 입국심사관이 비자승인 서류를 워킹비자로 바꿔 여권에 붙여준다.

두 번째, 여권

여권의 쓰임새 여권은 공항에서부터 은행, 술집까지 필요하지 않은 곳이 없다. 정말 모든 곳에서 사용할 수 있다. 세계 모든 곳에서 통용되는 주민등록증이라고 생각하면 맘이 편할 것이다. 공항에서는 항공권 발급할 때와 입출국 시 필요한 것은 물론, 은행에서는 계좌를 만들고 돈을 창구에서 직접 인출할 때 필요하다. 술집에서는 미성년자가 아닌지 확인하는

차원에서 신분증 역할로 필요하다. 대부분의 캐나다 술집이 신분증 검사를 철저히 하는 편이다.

캐나다인이 동양인의 얼굴 나이를 가늠하기 어렵기 때문인지, 특히 동양인은 검사가 철저하다. 술집에 여권을 가져갔다가는 잃어버리기 쉽기 때문에 여권사본을 가져가는 것이 좋다. 술집에서 굳이 여권 원본을 고집하는 경우에는 다른 술집을 알아보자. 여권은 그 이외에도 병원, 어학원 등록, SINSocial Insurance Number 카드 발급, 도서관카드 발급 등 많은 곳에 쓰이니까 잊지 말고 가져가야 하며 잘 보관해야 한다.

여권 발급 방법 여권은 현재 본인의 거주지에서 가까운 구청, 여권민원실 등에서 신청할 수 있다. 구청의 여권과에 가서 일을 처리하면 된다. 여권 발급 시 준비물은

1. 6개월 이내로 찍은 여권 사진 1매
2. 신분증
3. 여권 발급 비용 5만 5,000원현금, 카드 결제 가능

이제 여권과에서 여권 신청서만 작성하면 끝! 다만 주의해야 할 점은 여권 사진 규정상 컬러렌즈, 서클렌즈를 착용하고 찍어서는 안 된다.

여권 분실 시 국내에서 분실하였을 때는 신분증을 지참하고 구청, 여권민원실 등에 가서 재발급 받으면 되지만 국외에서 분실하였을 때는 가까운 한국대사관이나 총영사관에 가서 분실신고를 하고 일단 여권 역할을 해주는 여행증명서를 발급받아야 한다. 여행증명서는 한국으로 돌아왔을 때 그 효력을 잃으며, 한국에서 1, 2 주안에 다시 여권을 재발급 받을 수 있다. 캐나다 현지에서 여권을 재발급하고자 할 때는 한 달 정도 시간이 걸린다고 한다.

세 번째, 자신의 이름으로 된 신용카드

신용카드의 쓰임새 캐나다 사회에서 자신의 이름으로 만들어진 신용카드는 결제수단이자 제2의 신분증으로 여권만큼이나 없어서는 안 될 필수 준비물이다. 인터넷으로 결제하는 모든 것은 신용카드를 통해 이루어진다. 호텔 예약, 책 주문, 항공권 결제, TOEFL 시험 결제 등등 다양한 곳에서 쓰인다. 신용카드는 인터넷을 통한 대부분의 예약 및 결제에 도움을 주기도 하고 은행에서 신분확인을 위해 쓰일 때도 있다. 또한 돈이 급하게 필요한 상황이 생겼을 때 아주 요긴하게 쓰일 것이다.

학생인데 자신의 이름으로 신용카드를 발급 받을 수 있을까? 은행마다 신용카드 발급조건이 다르지만 은행에서 신용카드를 발급해주는 기본조건은 수익의 유무라고 할 수 있다. 수입이 없는 학생 신분으로도 신용카드를 발급 받을 수 있다. 바로 가족 신용카드를 발급 받는 방법이다. 나도 이런 경로를 통해 발급받았다. 부모님께서 은행에 가서 신청해야 하는 것으로 부모님 한 분만 가도 되고 자녀와 같이 가도 된다. 은행은 주거래 은행으로 가면 된다. 준비물은 부모님 신분증과 가족관계 증명서이다. 부모님의 신용조회 및 심사를 통해서 가족카드가 발급되며 카드 앞의 이름은 가족 중 한명, 즉 필요한 사람의 이름이 새겨진다. 발급자의 연령제한은 만 18세 이상이므로 워킹홀리데이를 준비하는 여러분은 큰 문제 없을 것이다.

넷째, 아깝다고? 전혀! 꼭 필요한 보험

건강하게 잘살아 왔고 앞으로도 그럴 것 같은데 굳이 보험을 들어야 한 이유가 있을까? 하는 생각이 들 수도 있다. 나는 캐나다에 있는 동안 다행히도 다치지 않았다. 하지만 다른 사람의 이야기를 들어보면 갑자기 빙판 길에 넘어져 팔이나 다리가 부러졌는데 병원비가 너무 비싸서 집에 가게

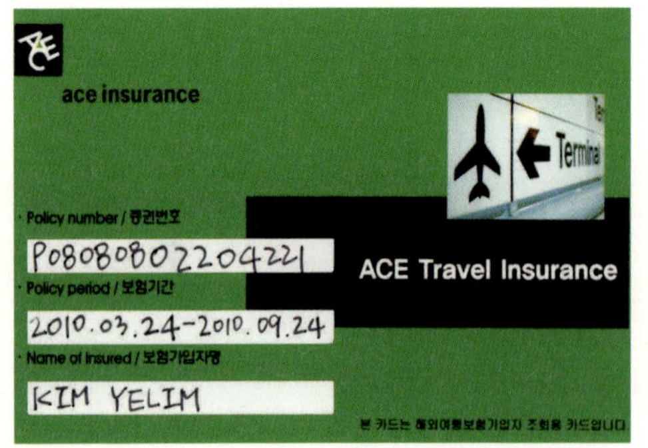

됐다는 얘기도 심심치 않게 들었다. 보험이 필요한 이유는 캐나다 의료비가 비싸기 때문이다. 보험 비용은 보험회사와 플랜에 따라 가격대가 다양하며 대개 15만 원~37만 원이다. 보상해주는 보험 한도 또한 회사마다 천차만별이다.

여행자 보험? 해외유학생 보험? 워킹홀리데이 보험? 사실 여행자 보험, 해외유학생 보험, 워킹홀리데이 보험은 유니버설 여행보험이라는 하나의 이름을 가진 같은 보험이다. 다만, 사용자의 편의를 위해서 분류 한 것뿐이다. 단기 여행자 보험은 3개월 이하의 해외 생활을 위하여 만들어진 보험이기 때문에 물품 도난을 보험회사에서 보상해주지만 3개월 이상의 유니버설 여행보험에서는 물품 도난에 관련된 보상 지침이 없는 경우가 많다.

유니버설 여행보험의 적용범위 캐나다에 갈 때 보험을 들었다고 해서 남미로 여행가면 보험 적용이 안 되는 것은 아니다. 말 그대로 유니버설 universal이기 때문에 국외의 모든 나라에서 보험 혜택을 받을 수 있다.

보험금이 지급되지 않는 경우

1. 대부분의 장기보험이 물품 분실이나 도난에 대해서 배상 해주지 않는다. 단, 차티스 보험회사에서는 여권 분실과 관련하여 10만 원 위로 배상금을 지급한다.

2. 임신, 출산과 성형수술, 치과 치료, 원래 가지고 있었던 질병에 대해서는 보상하지 않는다.

3. 그 밖에 자세한 사항은 보험사에 직접 문의하여 알아봐야 한다.

보험금 보상받는 방법　현지병원에서 바로 보상받을 수 있는 회사가 있는가 하면 개인 비용으로 지불하고 상해 후 2년 안에 직접 보험회사에 청구해서 보상받을 수 있는 회사가 있다.

현지에서 직접 보상받는 절차　보험가입 시 해외용 영문 보험증서가 집으로 온다. 그 영문 보험증서와 카드, 여권을 병원에 제시하면 병원에서 바로 보상받을 수 있다.

보험회사에 직접 청구하여 보상받는 절차　의사 진단서, 처방전, 치료비 명세서, 치료 영수증이 필요하다. 회사마다 필요한 서류가 다르니 보험가입 시 영문 보험증서와 함께 온 보험카드 뒷면에 있는 보험회사 긴급전화 번호를 통하여 자세히 알아봐야 한다. 필요한 서류를 준비하여 팩스나 우편으로 보내면 보험회사로부터 보상받을 수 있다.

보험사에 보험가입을 할 때　워킹홀리데이 비자 소지자는 가입할 수 없다는 지침을 가진 보험회사들이 있다. 보험을 문의할 때 그 회사에 워킹홀리데이 비자 소지자가 가입할 수 있는 보험이 있는지 미리 물어 시간 낭비하는 일을 줄이도록 하자.

> **워킹홀리데이 비자 소지자가 가입할 수 있는 국내 유명 보험회사**
> 에이스 www.ace-insu.co.kr
> 트래블가드 차티스 www.travelguard.co.kr
> 삼성화재 www.samsungfire.com

앨버타와 서스캐처원 주에서 무료로 받을 수 있는 보험혜택!　본인은 유니버설 보험을 가입해 다녀왔지만 캐나다에서 몇몇 한국인이 무료로 캐나다 국민을 위한 Health program, 즉 캐나다 주정부에서 제공하는 건강보험에 들었다는 이야기를 접했다. 이 건강보험에 가입하면 한국의 의료

보험 카드 같은 건강카드Health Card가 발급되는데 한국과는 달리 이 카드가 있으면 해당주의 무료 의료서비스를 받을 수 있다. 현재 워홀러들의 아름다운 도전으로 '뚫렸다고' 보고된 지역은 앨버타 주와 서스캐처원 주 정도이다. 앨버타 같은 경우 대행에이전시를 통해서 쉽게 신청할 수 있다고 한다. 앨버타 주 내부의 에이전시 위치 정보는 다음 링크를 통해 알 수 있다.

http://www.health.alberta.ca/documents/AHCIP-Registry-Agent-Poster.pdf

준비물은 ① SIN 카드 ② 여권이다. 서스캐처원 주는 아래 링크를 통해 지원서를 출력하고 준비물은 ① 여권사본 ② SIN 카드 사본 ③ 운전면허증 중 2개를 택해서 지원서에 적혀있는 주소로 보내고 약 1주일 정도 기다리면 건강카드가 발급 된다고 한다. 지원서 링크는 다음과 같다.

http://www.health.gov.sk.ca/form-he262

보험과 관련하여 더 자세한 정보를 찾을 수 있는 방법은 다음과 같다.

앨버타 주는 빨간 깻잎의 나라에 '앨버타 의료보험' 이라고 치면 많은 정보를 얻을 수 있다.
서스캐치원 주는 http://nixmin82.tistory.com/308 '닉쑤' 님의 블로그에 건강 카드 발급 방법에 대한 정보가 수록되어있다.

다섯 번째, 현금

신용카드가 있더라도 기본적으로 현금을 어느 정도 환전해서 가야한다. 내 경우엔 환전을 100만 원 정도 하였다. 방세를 내고 식료품을 사는 등, 초기에 정착하려면 현금이 100만 원 정도 필요하다. 나는 50만 원을 현금으로 가져가고 50만 원을 여행자 수표로 가져갔다. 여행자 수표는 말 그대로 여행자를 위한 수표로 한국에서 환전할 시 여행자 수표로 일정량을 바꿀 수 있는데 이때 현금보다 수수료가 더 붙는 편이다. 하지만 잃어버리면 신고하여 취소할 수 있으므로 안전을 위하여 50만 원 정도는 여행자 수표로 바꿨다. 하지만 공항에서 목적지로 바로 가서 은행계좌를 개설한 다면 돈을 잃어버릴 확률은 거의 없을뿐더러 결제 시 여행자 수표는 사용 하기 불편하기 때문에 현금으로 가져가는 편이 낫다.

기타 준비물

정말 필요한 것들

기타 준비물에 관한 소개를 하려고 한다. 처음 캐나다에 갈 때 무엇을 준비해야 하는지 너무 막막했다. 나를 제외하곤 가족들은 해외에 나가본 적도 없었고 친구들 중에서도 장기로 해외에 거주한 사람이 없어서 정보를 구할 방법은 인터넷 검색뿐이었다. 유용한 자료도 많았지만 때로는 터무니없는 정보도 있었다. 약 1년간 거주한 경험으로 내가 몸소 느낀 캐나다에 가기 전 준비하면 좋을 준비물을 정리해 보았다.

계절에 맞는 옷 몇 벌과 신발 두 켤레 속옷과 양말은 기본적으로 챙길 거라고 생각한다. 옷은 혹시 두고 가면 동생이 입지는 않을까 할 정도로 아끼는 것이 아니라면 계절별로 여러 벌 싸갈 필요가 없다. 두꺼운 패딩 점퍼 1개, 긴 팔, 짧은 팔 티셔츠 몇 장, 바지 몇 벌, 신발 두 켤레만 있으면 충분하다. 캐나다의 옷 가격은 그다지 비싸지 않아서 옷이 더 필요한 경우 사 입는 것도 나쁘지 않다.

작은 용기에 담긴 세면용품과 세면도구, 기초 화장품 화장품 같은 경우 캐나다에서 좋은 물건을 싸게 살 수 있다. 하지만 내 피부는 이게 없으면 안 된다는 것들이 있다면 가지고 가는 것이 좋다.

수영복 수영복은 한국에 비해 가격이 조금 비싸서 바다를 갈 예정이거나 바다 가까운 곳으로 갈 때는 한국에서 수영복을 사가는 편이 바람직할 것 같다.

노트북 노트북이 있으면 편리한 점이 많다. 일을 하지 않는 경우에는 핸드폰이 딱히 필요없다. 페이스북facebook을 통해 친구들과 약속을 정하고 파티를 가는 등의 일은 충분히 할 수 있다. 또한, 스카이프Skype라는 프로그램을 깔면 노트북을 이용해서 무료로 가족들과 화상 통화를 할 수 있다. 스카이프 이용 방법은 아래 사이트에 접속하여 스카이프를 설치, 실행하면 된다. http://www.Skype.com/intl/ko/home 스카이프는 한국어를 지원하기 때문에 더욱 쉽게 이용할 수 있다. 페이스북 이용은 서구 사회에 정착하는데 필수라서 그 사용법에 대해서는 뒤에서 다시 자세하게 다루도록 하겠다.

디지털카메라 디지털카메라를 가지고 다니면서 수많은 추억들을 사진 및 영상 자료로 남길 수 있고, 친구들의 사진을 페이스북에 올리며 친목을 다질 수도 있다. 또한 이메일로 친구들에게 사진을 전송해주면서 사교 관계를 형성할 수 있다.

자신에게 꼭 필요한 의약품 자신이 꼭 필요로 하는 약이나 불시에 필요한 상비약진통제, 지사제, 반창고, 연고 등은 가져간다. 하지만 캐나다 같은 경우 드럭 스토어drug store라고 마트 내에 약국 섹션이 따로 있기 때문에 현지에서도 쉽게 약을 구매 할 수 있다. 캐나다 약국에서 일하는 직원에게 찾는 약에 관해 설명하면 영어공부도 하면서 약도 사는 일석이조 혜택을 누릴 수 있으며, 약의 가격 차이는 한국과 크게 다르지 않으니 자신에게 꼭 필요한 약품과 상비약만 가져가는 것이 좋다.

시계 손목시계를 착용하는 편이 비행기 등의 교통수단을 이용할 때 편리함은 물론, 시간 약속이 정확한 캐나다 문화 적응에도 도움이 된다.

선글라스 선글라스는 캐나다인이 1년 내내 사랑하는 필수 품목이라고 할 수 있다. 여름에는 강렬한 햇살 탓인지, 혹은 문화적인 이유때문인지 대부분의 사람이 선글라스를 쓰고 다닌다. 캐나다에서도 살 수 있지만 자신의 취향에 맞는 선글라스 하나 정도는 한국에서 저렴한 가격에 구입해서 쓰고 다니는 편이 좋을 듯하다.

강압기 220V를 사용하는 우리나라와 달리 캐나다는 110V를 사용한다. 따라서 한국에서 사용하던 전자제품을 가져간다면 반드시 강압기를 가져가야 한다. 어떤 책에서는 일명 "돼지코"라는 철물점에서 500원 정도의 가격에 판매되는 전압 전환용 소형 어댑터를 가지고 갈 것을 추천하는데 노트북이나 헤어드라이어 같이 전력 소비가 큰 제품을 가져 갈 때는 그 "돼지코"만 가져갔다가 낭패를 볼 수 있다. 실제로 내가 "돼지코"만 가져가서 노트북을 사용하다가 노트북 충전기 연결 부분이 녹아 내려서 큰 불편과 비용을 감수해야 했다.

우산 밴쿠버나 토론토는 비가 자주 오므로 휴대용 우산을 가져가는 것이 좋다. 캐나다에선 우산이 우리 나라 돈으로 2~3만 원 정도 하는데 가격에 비해 질이 좋지 않다. 우산은 캐나다에서 1년 동안 지내면서 언젠가는 필요한 물품이므로 꼭 한국에서 준비해 가길 바란다.

수첩과 볼펜 기록해야 할 일이나 기억해야 할 것들이 있을지도 모르니 기본적으로 수첩과 볼펜을 지참하자.

가족사진 나는 솔직히 말하면 가져가는 것을 잊어버렸다. 나중에 가져가지 않아서 부모님께 조금 죄송한 마음이 들 수도 있으므로 되도록 가져가는 것을 추천다.

짐 쌀 때 짐 부피 줄이는 요령!

인터넷 쇼핑몰에서 '압축 팩' 이라는 것을 구입하여 사용하면 짐 쌀 때 짐 부피를 줄일 수 있다. 압축 팩에 이불이나 의류, 수건 등을 넣고 진공청소기를 이용해 최대한 압축시켜 짐 부피를 줄일 수 있다. 압축 팩의 가격은 대개 5천 원 이하로 저렴한 편이며 짐 쌀 때 그 효과를 톡톡히 볼 수 있다.

인터넷에 떠도는 허황된 준비물

① 스타킹

② 학용품

③ 여성용품

④ 영어 원서

⑤ 한국어 책

⑥ 계절별 옷

⑦ 과도한 수의 증명사진

⑧ 전기장판

⑨ 그 외, 불필요한 모든 것!

나는 위에 열거한 물품 중 전기장판 빼고 모두 가져갔다. 하지만 이걸 왜 가졌을까 하고 후회했던 물건들이다. 캐나다 스타킹이 품질이 안 좋고 비싸다고 해서 잔뜩 가져갔지만 나중에 짐 쌀 때 스트레스만 받고 다 버렸다. 한국보다 가격이 조금 비쌀지 몰라도 질은 비슷하다. 가장 중요한 것은 캐나다에서 치마입고 나갈 일이 전혀 없다는 것이다. 대부분의 사람이 수수한 옷차림이라 나는 치마를 입고 나간 적이 거의 없다.

학용품 같은 경우에는 달러마켓같이 물건을 싸게 파는 할인마트에서 우리나라 가격의 1/3가격으로 구매할 수 있다. 실제로 나는 한국에 돌아와서 펜을 구매했을 때 너무 비싸서 깜짝 놀랐다. 많은 분들이 인터넷에서 캐나다 학용품 질이 안 좋다고 하는데, 나는 몇 개월간 토플 시험 때문에 하루 종일 그 학용품을 가지고 공부했지만 한국제와 비교해서 전혀 차이점을 느낄 수 없었다.

여성용품에 관해서는 남성독자는 건너 뛰셔도 좋다. 여성분은 인터넷 사이트에서 여성용품을 가지고 가라는 것을 많이 보셨을 것이다. 나는 질과 가격 때문에 3개월 치 정도를 가져갔다. 짐을 쌀 때 그 부피 때문에 고민을 많이 했지만 소포로 부치기도 애매한 물건이라고 생각해서 많이 가져갔는데 당장 필요한 양이 아니라면 가져가지 않는 것을 추천한다. 왜냐하면 실제로 캐나다에 가서 사용해 보니 캐나다 제품이 가격은 조금 비싸지만 질은 한국 제품과 비슷하다는 것을 깨달았기 때문이다.

영어 원서는 결코 추천하지 않는 물품이다. 주거지역 내에 대개 도서관이 하나씩은 있다. 도서관에는 아동 도서부터 만화책, 영어 학습을 위한 자료가 많다. 큰 도서관은 대개 외국인특히 이민자을 위한 ESL 코너를 내부에 가지고 있다. ESL 코너에서 국내에서 추천받았던 Understanding and using English Grammar같은 책을 원서로 접할 수 있었다. 한국어 책은 몇 권을 가져갔는데 영어공부는 안하고 계속 그것만 읽는 바람에 결국 다 버렸다. 옷은 봄, 여름, 가을, 겨울 계절별로 다 챙겨갔는데 다 입지도 못하고 짐만 되었다. 캐나다의 옷 가격은 그리 비싸지 않고 스타일도 괜찮다.

이 중에서 가장 가지고 간 것을 후회한 것은 '증명사진'이다. 각종 인터넷 사이트에서 이력서에 붙일 사진 20장을 가져가는 것이 좋다고 해서 여권사진을 20장이나 가져갔다. 하지만 한국과는 달리 캐나다에서는 연예인이 될 것이 아니라면 이력서에 사진을 붙일 필요가 전혀 없다. 사진으로 평가하는 항목을 두는 것은 불법이기 때문에 99%의 이력서에 사진을 붙일 필요가 없다.

전기장판은 캐나다 북쪽 지역을 뺀 나머지 지역은 겨울을 제외한 계절의 체감온도가 한국과 비슷하기 때문에 괜히 짐을 늘릴 필요 없이 원할 때 한국에서 소포로 받는 편이 낫다. 나는 10월부터 1월 동안 겨울을 보냈지만 전기장판이 크게 필요 하지 않았다. 여행가 한비야 씨의 책을 보면 여행 갈 때 짐을 줄이는 것의 중요성에 관해 이야기하는 부분이 있다. 그렇다, 짐은 다 싸는 것 보다 줄이는 것이 훨씬 중요하다. 필요한 것은 그 사회 속에서 부딪쳐가며 얻으면 된다.

사람에 따라
필요한 준비물

국제 운전면허증

국제 운전면허증이란? 도로교통에 관한 국제협약에 의거하여 일시적으로 외국여행 할 때 여행지에서 운전할 수 있도록 발급하는 운전면허증

만 22세 미만이라면? 국제 운전면허증 안 만드는 것이 좋을지도!

나는 여행 등을 고려해서 국제 운전면허증을 만들었지만, PEI에서 차를 빌리려고 할 때, 빌릴 수 없었다. 이유는 오직 '너무 어리다는 것' 당시 만 19세이었다. 각 주별, 렌터카 회사별로 기준이 다르지만 대개 만 22세 미만인 경우 차를 빌려주지 않거나 보험료를  많이 지급하도록 되어 있어서 만 22세 미만이라면 국제 운전면허증은 사실 있으나 마나 한 것일지도 모른다.

내 경우에는 전혀 필요 없었지만, 만 22세 이상이고 차를 렌트하여 캐나다 여행을 즐길 계획이 있다면 국제 운전면허증은 필수이다.

국제 운전면허증 발급 방법

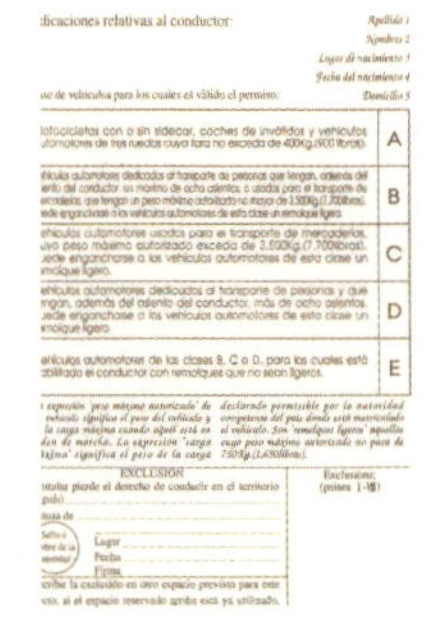

  • 준비물: 본인 여권, 운전면허증, 여권용 사진 또는 컬러사진 반명함
판 1매

  • 신청 장소: 전국 운전면허 시험장도로교통 운전면허 시험장 홈페이지에서 지
역별 시험장의 위치를 확인할 수 있다.

  • 도로교통 운전면허 시험장 홈페이지: http://dl.koroad.or.kr

  • 발급하는데 걸리는 시간: 신청 후 바로 발급 받을 수 있다.

국제 운전면허증 사용 시 유의 사항

  • 유효기간이 다르다. 해외에서 보통 1년간 국제 운전면허증을 사용할
수 있지만, 캐나다나 미국 같은 경우 주별로 국제 운전면허증을 인정해주는
기간이 달라서 필요하다면 그 지역의 운전면허증으로 바꾸는 것이 낫다.

  • 이용 시 한국면허증과 여권을 항상 소지하고 있는 것이 좋다.

캐나다 주별 국제 운전면허증 유효기간 캐나다 주별마다 국제 운전면허
증을 인정해주는 기간이 다르다. 앨버타 주와 매니토바 주는 2개월이고
온타리오 주와 서스캐처원 주, 뉴펀들랜드는 3개월, 브리티시 콜롬비아
주는 6개월, 퀘벡 주는 1년이다.

해외에서 국제 운전면허증을 분실하거나 발급받고 싶다면?   운전면허증 또는 주민등록증사본 가능, 컬러사진 반명함판3*4cm 1매, 수수료 7,000원, 본인위임자의 위임장, 대리인의 주민등록증, 출입국사실 증명서를 대리인이 가지고 가서 발급 받을 수 있다.

ISIC 카드

ISIC 카드란?   ISIC는 유네스코 인증을 받은 국제적인 카드로, 카드 소지자의 학생 신분을 해외에서 증명해 줄 수 있는 카드이다. 국제적으로 여러 가지 혜택을 가지고 있다.

ISIC 카드가 가지고 있는 혜택   국가별, 지역별로 다른 혜택을 가지고 있지만 카드 자체가 학생의 여행을 위해서 만들어졌기 때문에 숙박시설과 교통시설 등에 집중해서 할인이 적용된다. 캐나다 내에서 할인 받을 수 있는 것 중 널리 알려진 것은 캐나다와 미국을 왕복하는 "Grey Hound" 버스와 "West Jet" 항공사가 있다. 자세한 사항은 다음 캐나다 ISIC 카드 공식 사이트http://isic-canada.ca/en/section/2를 참조하거나 한국 ISIC 카드 공식 사이트www.isic.co.kr에 접속하여 ISIC 카드 할인 혜택 경험담의 캐나다/미국 부분을 참조하면 된다. 또는 전 세계 ISIC 카드 공식 사이트www.isic.org에 들어가서 discount 버튼을 클릭해서 캐나다 도시 이름으로 검색하여 지역별로 할인되는 곳을 찾을 수 있다.

일상에선 그다지 효력을 발휘하지 못했던 ISIC 카드   캐나다 생활을 하면서 몇 번 사용하려고 했지만 ISIC 카드로 할인을 받을 수 있는 기회는 거의 없었다. 심지어 신분증으로도 인정해주지 않았다. 예를 들면, 일반

버스를 이용할 때 ISIC 카드를 가지고 있는 것만으로는 학생으로 인정해주지 않아 학생할인을 받을 수 없었다. 또 바에서도 나이를 증명하는 신분증으로 대체할 수 없었다. ISIC 카드는 내 기대와 달리 캐나다에서 그다지 큰 효력을 발휘하지 못했다. 하지만 이는 내가 ISIC 카드가 주는 혜택을 자세히 알아보지 않은 탓이기도 하다. ISIC 카드가 주는 혜택을 꼼꼼히 조사한 후 자신이 원하는 할인혜택이 많이 적용된다면 발급하는 편이 좋을 것이다.

ISIC 카드 발급 방법 ISIC 카드는 일반카드와 체크카드 형식으로 쓸 수 있는 카드, 이렇게 두 가지 종류가 있다. 후자의 카드는 은행에서 발급 받아야 한다. 일반카드 발급 방법은 세 가지가 있는데 첫 번째 방법은 한국 ISIC 카드 발급처인 키세스를 찾아가서 직접 할 수 있고, 두 번째는 인터넷으로 신청하여 우편으로 발급 받을 수 있고, 세 번째는 ISIC와 제휴한 대학교에 다니는 학생이라면 대학교에서 발급 받을 수 있다. 나는 두 번째 방법을 선택했는데 절차가 그리 까다롭지 않고 편리하다. ISIC 카드 발급에 대한 자세한 사항은 한국 ISIC 공식사이트에서 확인 할 수 있다. www.isic.co.kr

예산 어떻게 짜야 할까? 예산은 신중하게 생각해서 짜야 한다. 출국 준비를 하느라 항공권, 비자 발급, 보험 가입 등을 하다보면 약 150만 원가량이 든다. 캐나다에 도착한 후 부터는 학원, 집, 생활비에 따라 쓰는 비용이 천차만별이다. 일을 하지 않고 무료 어학원에서 영어를 배울 때, 나는 평균적으로 집값을 포함해서 한 달에 80만 원가량을 썼다. 내 주변에는 일을 해서 돈을 버는 사람도 있었다. 얼마나 쓰느냐는 전적으로 생활하는 당신의 손에 달려있다.

workingholiday

4

한국에서 미리
영어 공부하기

영어를 배울
마음의 준비

많은 사람이 캐나다에 가기 전 영어공부를 위해 필리핀 등으로 어학연수를 간다. 하지만 정말로 필리핀 어학연수가 필요할까? 물론 영어 기초가 전혀 없는 사람이라면 어느 정도 기본기를 다질 필요는 있을 것이다. 하지만 나는 대체적으로 필요 없다고 생각한다. 캐나다 출국을 한 달 앞둔 나의 영어 실력은 강남 대형 Y어학원에서 본 회화반 편성 시험에 따르면 맨 뒤에서 두 번째 반에 배정될 수준이었다. 이런 실력으로 캐나다에 갔지만 영어를 잘 배워 왔다. 캐나다에서 영어를 잘 배우기 위해서는 영어를 미리 배워 가는 것보다 중요한 것이 두 가지 있다. 두 가지 모두 캐나다에서 영어를 잘 배우기 위한 '준비물' 이라고 할 수 있다.

첫 번째는 마음가짐이다. 진부하게 들릴 수 있겠지만 나는 이 마음가짐이 캐나다에서 내 영어 실력을 기하급수적으로 늘려주었다고 생각한다. 구체적으로 이 마음가짐은 호기심과 용기다. 낯선 것을 대할 때 우리에게는 두 가지 감정이 생긴다. 두려움과 호기심. 두려움은 배척하는 행동으로 이어지지만 호기심은 두려움을 포용하고 낯선 것을 개척하는 정신이라고 생각한다. 처음 캐나다에 가면 사람들이 도대체 무슨 말을 하는지 모르겠고 주변이 다 영어투성이라 이상한 나라의 엘리스가 된 기분이 들 것이다. 그럴 때 움츠러들어선 안 된다. 모르는 것에 관한 호기심과 용기로 하나하나 알아보려고 노력해야 한다. 아니 반드시 알아야 한다. 나는 길을 가다 모르는 단어가 보이면 손바닥에 빼곡히 적었다가 나중에 집에 가서 꼭 찾아보거나 사람들에게 물어봤다.

　두 번째 준비해야 할 것은 다른 나라 사람과 말하는 것에 정서적으로 익숙해지는 것이다. 이것은 영어 실력의 능숙함이 아니라 정신적으로 외국인과 말할 때 두려움이나 거리낌이 없는 상태를 의미한다. 말이 완전히 통하지 않는 사람과 대화를 시도하기까지 두려움을 이겨내야 하는 과정이 있음을 안다. 왜냐하면 나도 외국인이 말이라도 걸까봐 주변에 있으면 눈도 못 마주치고 안절부절 할 때가 있었다. 하지만 그 두려움을 한국에서 극복하고 간다면 조금 수월하게 캐나다에서 영어를 배울 수 있을 것이다.

　이 두려움을 어떻게 극복 하냐고? 가장 좋은 방법으로 외국인 친구를 사귀는 것을 추천하고 싶다. 다음 장에서 국내에서 외국인 친구를 사귀는 방법에 대해서 알아보도록 하겠다.

한국에서
외국인 친구 만나는 법

한국에서 외국인 친구를 만드는 방법은 꽤 다양하다. 다만, 두려움을 극복해야 한다. 낯선 존재나 물체에 대한 두려움은 당연한 일이다. 어린 시절을 기억해보라. 대부분의 사람이 낯을 가렸을 것이다. 나 또한 엄마친구 분들이 우리 집에 오실 때면 엄마 뒤로 숨어서 나올 생각을 안 했을 정도로 낯을 심하게 가렸다. 하지만 우리는 점점 자라나면서 그런 것들을 극복해 나갔다. 이 과정도 마찬가지라고 생각한다. 마음가짐의 작은 변화가 큰 성숙과 변화를 불러일으킨다. 한국에서 외국인 친구를 만드는 방법을 몇 가지 소개하면 첫 번째는 인터넷을 이용하여 국제 교류 동아리를 가입하는 방법이다. 두 번째는 대학교 동아리를 이용하는 방법이다. 세 번째는 국제 교류 단체에 가입하는 것이다.

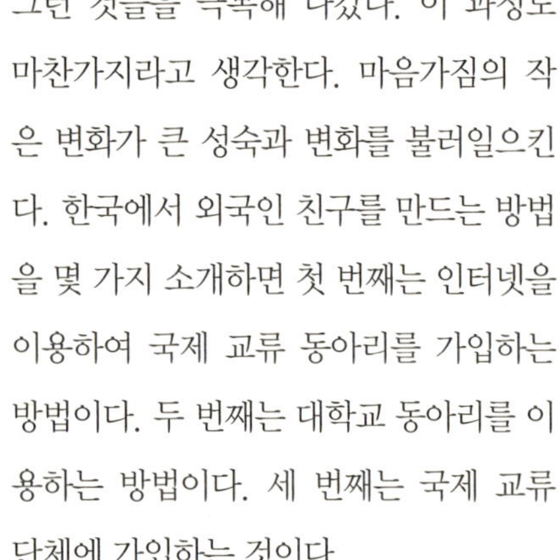

첫 번째, 외국인 교류 동아리에 대한 정보가 모인 사이트를 소개하겠다.

* www.meetup.com

다양한 이벤트를 통해 외국인과 한국인이 교류하도록 도와주는 사이트이다. 한국어는 지원되지 않아 영어로 이용해야 하지만 사용방법은 쉽다. 가입하고 Find 탭을 누르면 날짜별로 이벤트가 보인다. 자신의 마음에 드는 이벤트를 골라서 참가한다는 버튼만 누르면 끝난다. 이벤트에 관련된 시간과 장소에 대한 정보는 이벤트 소개 페이지에 있다. 한국 찜질방 투어, 독서 모임, 토론 모임 등 다양한 이벤트가 있으므로 입맛에 알맞게 골라서 참가 하면 된다.

Meet up 사이트에서 이루어지는 모임은 거의 이태원과 명동 등에 집중되어 있다. 내가 체험한 바에 따르면, 대부분의 외국인은 99%가 ESL 선생님들로 한국 사람의 영어 사용법에 익숙하고 수용적인 편이다. 동아리나 행사를 고를 때는 자신의 영어 수준과 기호에 맞춰 고를 것을 권한다. 영어 필름보기 행사나 토론 같은 경우에는 영어가 능숙하지 못하면 소외감과 따분함을 느끼기 쉽다. 영어회화 초보자라면 찜질방 투어나 산악활동, 문화체험, 언어교류 등의 기본적이고 유희적인 동아리부터 시도해보는 것이 좋을 듯하다.

두 번째, 대학교마다 차이가 있겠지만, 혹시 국제교류 동아리가 있다면 꼭 가입하기 바란다. 나는 대학 재학 동안, 하이클럽이란 국제 교류 동아리에 가입하였다. 동아리에 가입할 때 면접까지 봐야 했을 정도로 경쟁률이 치열했다. 나는 우연히 아는 오빠의 권유로 어떤 동아리인지도 잘 모르고 갔었다. 면접 당시 5개 국어를 구사하는 친구도 있었다.

영어 면접에 나는 그 친구와 같은 팀으로 들어갔던 것으로 기억한다. 5개 국어를 구사한다는 그 친구는 정말 유창하게 영어를 했다. 그러나 나는 그 면접에서 생애 처음으로 영어로 30초 이상 말하게 되어 암담한 심정이었다. 내 꿈에 대해서 영어로 말했다. 영어로 간단하게 이름 소개, 취미, 장래에 하고 싶은 일을 말했다. "Hi, nice to meet you."로 시작해서 "My hobby is", "I want to" 등의 기초적인 단어를 써서 면접에 임했던 것으로 기억한다. 또한, 그 당시 한국어 면접에서도 동아리에 대한 사전 조사를 하지 않고 가서 만약 내가 합격한다면 몇 기수냐는 기초적인 질문에 찍어서 대답했다가 틀렸다.

하지만 정작 결과가 나왔을 때, 5개 국어를 구사하는 친구는 떨어지고 내가 붙었다. 당시 면접에 참여했던 선배의 말에 따르면 영어로 뽑힌 것은 아니라고 했다. 나는 면접관들이 내가 면접 당시 보여줬던 친화력을 중점적으로 봤다고 생각한다. 면접에 들어가기 전에 했던 생각은 단 하나다. "난 인간적으로 매력적인 사람이다. 면접관들을 모두 내 매력에 풍덩 빠뜨려 보자!" 자신의 인간적인 매력에 자신감을 가져라. 이것은 모든 일을 할 때 도움이 되지만, 특히 캐나다에 체류하는 동안 큰 도움이 될 것이다. 대학교 국제 동아리에서는 다양한 파티와 행사가 있었다. 나는 그 동아리를 통해 외국인과의 소통을 처음으로 시도하게 되었다.

세 번째, 공인된 국제교류 기관에 가입하는 것이다. 외국인을 만나 우정을 쌓을 수 있는가는 첫 번째나 두 번째에 비해 효율성이 떨어진다고 보지만, 좋은 점은 조금 더 사람 만나는 점에 있어 안전하고 교육적이며 후에 스펙을 쌓을 때도 도움이 된다는 것이다. 국제교류 기관은 전국기관과 지역기관으로 나눌 수 있다.

전국적인 기관으로는 청소년 국제교류네트워크 http://iye.youth.go.kr가 있다. 이 국제교류 단체는 전국 단체로써 여성가족부 소속으로 청소년에게 다양한 해외 프로그램 및 교류 활동 등을 지원하고 있다.

지역적인 국제교류 단체는 멘토 프로그램, 홈스테이 프로그램, 해외 인턴십 프로그램, 지역내 외국인과 소통할 수 있는 장소 등을 제공하여 각 지역주민과 그 지역에 거주하는 외국인의 교류를 도와주는 것을 목적으로 한다. 각 지역별 단체 정보는 다음과 같다.

- 부산 국제 교류 재단 www.bfia.or.kr

- 인천 국제 교류 센터 www.icice.or.kr

- 대전 국제 교류 센터 www.dicc.or.kr

- 광주 국제 교류 센터 www.gic.or.kr

외국인 친구와 우정을 쌓으며 영어 배우기

기본적으로 한국에 온 외국인 친구들은 여행을 좋아하고 다양한 문화에 관심이 많은 사람이다. 그렇기 때문에 한국에 대해서 다양한 것을 느끼고 알 수 있도록 도와준다면 의사소통에 어려움이 있어도 큰 문제가 되지 않는다. 나는 외국인 친구와 민속주점, 노래방, 찜질방, 63빌딩, 인사동 등 한국 문화와 관련된 곳을 찾아가서 한국의 음식과 문화를 소개해주었다. 외국인 친구도 좋아했지만 나 또한 한국문화를 재발견 할 수 있었던 시간이었다.

외국인 친구를 통해 영어 실력을 올리는 방법은 하루에 최소한 하나씩 새로운 표현을 익혀서 꼭 사용해 보는 것이다. 나는 어떤 회화표현이든 상관없이 외국인 친구와 대화할 때, 그 표현을 사용하려 노력했다. 사용할 기회가 없으면 내가 배운 표현으로 대화 화제를 만든 적도 많았다.

예를 들면, 'Tacky' 라는 단어의 '촌스럽다' 라는 뜻을 배운 후 외국인 친구와 옷가게에 들려 촌스러운 옷을 보고 직접 사용했다. 언어는 무조건 본인이 직접 사용할 수 있을 때야 비로소 자신의 것이라고 말할 수 있다. 친구들을 만날 때, 재미있게 노는 것도 좋지만 내가 그동안 쓰지 않았던 단어를 사용하는 기회로 삼는 것도 괜찮다. 외국인 친구는 내가 영어 단어에 익숙해지는 것은 물론 단어를 잘못 사용했을 때도 도움을 줄 수 있다.

workingholiday

5

CANADA
얼마나 아니?

단풍잎의 나라, CANADA!

Canadian dream

혹시 'American dream' 이라는 말을 들어 본 적 있는가? 성공과 평등한 권리에 대한 희망을 뜻한다고 생각한다. 그것이 'American dream' 이다. 과거 'American dream' 을 품고 많은 사람이 미국으로 이주했다. 현재는 높이 치솟은 미국 물가에 제대로 된 영어공부를 하기 위해서는 많은 돈이 필요하다. 하지만 캐나다 워킹홀리데이 비자를 통해 당신은 일할 수도 있고 저렴한 가격으로 충분히 어학공부도 할 수 있다.

So, why not 'Canadian dream' ?

캐나다 지역 구성과 언어

10개의 주와 3개의 준주로 구성되어 있다. 수도는 오타와이고 세계에서 두 번째로 큰 나라이지만, 인구는 세계에서 35위 수준으로 인구밀도가 낮은 편이다.

① AlbertaAB, 주요 도시 Edmonton, Calgary

② British ColumbiaBC, 주요 도시 Victoria, Vancouver

③ ManitobaMB, 주요 도시 Winnipeg

④ New BrunswickNB, 주요 도시 Fredericton

⑤ Newfoundland and LabradorNF, 주요 도시 St. John's

⑥ Nova ScotiaNS, 주요 도시 Halifax

⑦ Northwest TerritoriesNT, 주요 도시 Yellowknife

⑧ NunavutNU, 주요 도시 Iqaluit

⑨ OntarioON, 주요 도시 Toronto, Ottawa

⑩ Prince Edward IslandPEI, 주요 도시 Charlottetown

⑪ QuebecQC, 주요 도시 Quebec City, Montreal

⑫ SaskatchewanSK, 주요 도시 Regina, Saskatoon

⑬ YukonYT, 주요 도시 Whitehorse

캐나다 기후

캐나다는 넓어서 지역에 따라 다양한 기후를 가지고 있다. 캐나다 대부분의 지역이 사계절을 가지고 있다. 여름은 뜨겁고 건조하며 겨울은 우기라서 습하다. 겨울은 대부분의 지역이 매우 추운 편이지만, 서부 해안도시의 겨울은 온화하고 다습하다.

캐나다 통계청에서 발표한 각 지역 대표 도시의 평균 기온은 다음과 같다.

각 주별 주요 도시	평년 평균 기온	
	평균 최고 기온	평균 최하 기온
St. John's (NF)	8.7	0.6
Charlottetown (PEI)	9.7	0.9
Halifax (NS)	11.0	1.6
Fredericton (NB)	11.2	−0.5
Quebec (QC)	9.0	−1.0
Montreal (QC)	11.1	1.4
Ottawa (ON)	10.9	1.1
Toronto (ON)	12.5	2.5
Winnipeg (MB)	8.3	−3.1
Regina (SK)	9.1	−3.4
Edmonton (AB)	8.5	−3.8
Calgary (AB)	10.5	−2.4
Vancouver (BC)	13.7	6.5
Victoria (BC)	14.1	5.3
Whitehorse (YT)	4.5	−5.9
Yellowknife (NT)	−0.2	−9.0

* Wikipedia에서 참조한 서울의 평균 기온 최고 기온: 17.0, 최하 기온: 8.6

지역별 날씨와 일기예보를 볼 수 있는 사이트는 다음과 같다.

http://www.weatheroffice.gc.ca/canada_e.html

캐나다의 대부분 지역에서 DST를 실행한다. DST는 일광 절약을 위한 제도로 여름철 해가 일찍 뜨는 것을 이용하여 아침을 1시간 일찍 시작함으로써 일광시간을 최대한 활용하자는 취지이다.

미국과 캐나다 대부분 지역에서 DST는 3월 둘째 주 일요일 새벽 두 시부터 시작한다. 인터넷 검색을 해서 정확한 지역별 DST를 확인해야 한다.

캐나다에 관한 몇 가지 사실

다양한 인종과 문화가 공존하는 나라

캐나다는 세계 최초로 다문화주의 정책을 채택한 나라이다. 현재, 이민자는 캐나다 인구 성장의 50% 이상을 차지하고 있다. 다양한 인종과 문화가 공존하는 것만큼 캐나다에서는 서로의 문화를 존중하는 것이 예의이다. 각 지역 내에는 특정 종교를 위한 음식점과 상점이 있다. 예를 들면, 이슬람교를 종교로 가진 무슬림은 종교적 의식을 거친 고기만 먹을 수 있는데 이 음식을 '할랄 푸드' Halal Food라고 부른다. 시내를 걷다 보면 할랄 푸드를 판매하는 음식점을 꽤 많이 찾아 볼 수 있고 대형 마켓에서 '할랄 푸드' 라는 인증 마크가 붙어 있는 음식을 발견할 수도 있다.

언어

프랑스어와 영어를 공용어로 사용하고 있으며 대부분의 지역에서 영어가 우세하지만 몬트리올 등 특정 지역에서는 프랑스어가 우세하다. 생각보다 프랑스어와 영어 두 가지 언어를 모두 모국어처럼 완벽하게 구사하는 캐나다인의 수는 많지 않다.

외식, 헤어 컷 등 서비스료가 많이 포함된 것은 비싸다!

외식, 헤어 컷 등 인적 서비스로 이루어지는 것은 비싸다. 외식 같은 경우 한 끼에 보통 적게는 20~35CAD가량을 지출해야한다. 따로 종업원 팁까지 챙겨야 하기 때문에 여간 부담스러운 것이 아니다. 헤어 컷 같은 경우에는 자르는 사람마다 가격이 다르지만 대개 30~50CAD가량 한다.

미국과 많은 문화적 콘텐츠를 공유

물리적으로 가까운 거리 때문인지 캐나다는 미국과 언어뿐만 아니라 TV 프로그램 등 많은 것을 공유하고 있다. TV 프로그램은 거의 비슷하다고 보는 것이 맞다. 다만, 통상적으로 미국인보다 캐나다인이 친절하고 예의바른 것으로 알려져 있다. 미국인은 때때로 이런 캐나다인의 친절성을 풍자하기도 한다.

메이플 시럽이 유명한 나라

국기도 메이플 잎단풍잎일 정도로 캐나다는 단풍나무와 단풍나무 시럽인 메이플 시럽이 대표적인 관광 상품인 나라이다. 메이플 시럽은 다용도로 사용할 수 있다. 커피에 설탕대신 넣기도 하고 와플에 뿌려먹기도 한다. 요리할 때 단맛을 내기 위해 사용하면 설탕보다 훨씬 감칠맛이 난다.

하키에 열광하는 나라

19세기 후반부터 캐나다에 유입
된 하키는 오랜 전통을 바탕으로
마치 영국의 축구처럼 캐나다의
국민 스포츠로 많은 지지와 관심
을 받고 있다. 내셔널하키리그NHL
는 북미권미국과 캐나다의 하키챔피
언을 가리는 리그로 MLB, NFL,

NBA와 함께 북미 4대 스포츠로 꼽히는 인기 프로스포츠 리그이자 많은
캐나다인들이 열광하는 리그이다.

아침 거리에 나서는 모두의 손엔 이것이, 팀 호튼

아침에 학교나 일터로 나설 때, 흔히 볼 수 있는 것이
바로 팀 호튼Tim Hortons 커피 잔을 손에 들고 다니는
사람들이다. 팀 호튼은 커피와 도넛을 판매하는 상점으
로 내셔널 하키 리그NHL의 선수였던 팀 호튼이 처음 세
웠다. 현재, 캐나다 전국 각지에 지점을 두고 있다. 캐나다 전국 각지에
지점이 분포해있어서 과장 없이 캐나다 어디를 가나 당신은 팀 호튼 커피
를 마실 수 있다. 개인적으로 커피맛은 별로였으나 메이플 도넛은 추천하
고 싶다!

SIN number

사회 보장 번호로써 이 번호가 있어야 정식으로 일할 수 있다. 따라서
일을 시작하기 전에 SIN number를 먼저 신청하는 것이 좋다. SIN number

에 관한 소개는 일자리 장에서 더 자세하게 이어나가도록 하겠다.

응급상황 발생 시 취해야 할 조치

응급 상황이 발생했을 때는 911에 전화하면 된다. 911에 실수로 전화했다면 그냥 끊지 말고 교환수가 받을 때까지 기다렸다 도움이 필요하지 않다고 하면 된다. 그냥 끊었을 때 경찰이 출동할 수도 있다.

캐나다 화폐

캐나다 화폐는 우리나라와 마찬가지로 동전과 지폐로 이루어져 있다. 동전은 다음과 같이 여섯 가지가 있다.

* **페니**: 0.01CAD로 색상은 붉은 구리 빛에 가깝다.
* **니켈**: 0.05CAD로 크기는 페니보다 크다.
* **다임**: 0.10CAD로 10개가 모여야 1CAD 의 가치를 갖는다. 다임과 페니는 색상은 다르지만 크기가 같다.
* **쿼터**: 0.25CAD로 4개가 모여야 루니가 된다 고 해서 쿼터라고 부른다.
* **루니**: 루니는 1CAD 동전으로 황금색 을 띠고 있는 큰 동전이다.
* **투니**: 투니는 2CAD 동전으로 테두리 는 백금 색, 테두리 안의 원은 황금색인 큰 동전이다.

동전은 종류가 다양한 만큼 다 가지고 다니면 사용할 때 헷갈려서 불편

하다. 투니, 루니, 쿼터는 많이 사용하지만 페니나 니켈, 다임은 팁으로도 잘 쓰지 않아서 저금통을 만들어서 동전이 생길 때마다 적금한다. 나중에 그 통이 가득 찼을 때 은행에 가서 저금하거나 지폐로 바꾸는 것이 좋다. 은행에서 동전별로 분리해 달라며 용기를 주니까 미리 분리하는 편이 처리하는데 편리하다.

캐나다에서 사용하는 측정 단위

몸무게는 파운드를 쓰고 키는 피트와 인치를, 날씨는 우리나라와 마찬가지로 섭씨를 사용한다. 차 속도에 관해서는 km/h를 사용한다. 음식은 pound 또는 gram을 같이 사용한다. 액체의 경우 gallon과 liter를 같이 쓰는데 거의 liter를 더 애용하는 편이다.

- 1피트ft = 30.48cm로 약 30.5cm라고 생각하면 된다.
- 1인치inch = 2.54cm로 약 2.5cm라고 생각하면 된다.
- 1파운드lb = 0.45359237kg로 약 0.5kg이다.

즉 0.45kg이 1 파운드인데, 몸무게 등을 계산할 때나 정확한 수치가 필요 없을 때는 킬로그램의 2배로 파운드를 계산하면 된다. 예를 들면, 몸무게를 측정했는데 100lb가 나오면 대략 50kg 정도라고 생각한다. 파운드의 축약형은 lb이다. 무게를 잴 때 많이 이용한다.

- 1갤런gal = 3.78541178L 약 4L이다.

주유소에서는 대부분 갤런과 리터를 같이 쓴다. 보통 대부분의 일반 차량은 16gallon의 탱크를약 60L 가지고 있으므로 경우에 따라 맞춰 채우면 된다.

물건을 살 때나 음식을 주문할 때 등 모든 거래를 할 때, 가격표에 쓰여 있는 가격 그대로를 믿는다면 분명 큰 낭패를 볼 것이다. 그 이유는 세금이 따로 붙기 때문이다. 2010년 7월 전까지는 PST와 GST 두 가지 세금을 내야했다. 하지만 2010년 7월 이후로는 일부 지역에 PST와 GST를 합친 HST가 도입되었는데, HST는 사실상 증세라는 의견이 많다.

캐나다에서 인터넷 이용하는 방법

인터넷은 모든 도서관에서 이용이 가능하며, 대부분의 숙박시설이 무선인터넷을 임대조건으로 제공하고 있다. 내가 처음에 살았던 집에 무선인터넷이 없어서 무선인터넷을 위한 무선공유기를 월마트에서 샀다. 무선공유기는 영어로 'Wireless router'이고 대형마트에서 30CAD 내외로 구입할 수 있다. 카페에서는 우리나라와 마찬가지로 무선인터넷을 제공해준다. 우리나라 PC방 같은 개념으로 인터넷 카페internet cafe 혹은 cyber cafe라는 곳도 있다. 1시간에 2CAD 가량 한다. 구글 지도google map에서 'internet cafe in 자신의 거주지'를 검색하면 자신의 거주지역 내 인터넷 카페의 위치나 전화번호 정보를 알 수 있다. 나는 내 노트북에 CD롬이 없었다. 그래서 TOEFL 공부를 위해 CD를 사용해야 될 때, 도서관 같은 경우 내가 원하는 만큼 사용하기가 어렵기 때문에 이 인터넷 카페를 이용했다.

캐나다에서 우체국 이용하기

Canada post 이용   캐나다 포스트는 캐나다 우체국이라고 볼 수 있다. 큰 매장 내에 있는 경우도 있고 단독으로 있는 경우도 있다. 구글 지도를 이용하여 지역 내에 캐나다 포스트의 위치를 검색할 수 있다. 우편물 발송 시, 소포 같은 경우 캐나다 포스트에서 접수하면 되고 편지 같은 경우는 직접 가서 접수해도 되고 미리 우표를 사놓았다면 우표만 붙여서 길가 우체통에 넣어도 된다. 우편물은 집배원이 집으로 배달해 준다. 모든

주소에는 우편번호가 반드시 있어야 한다. 캐나다 우편번호는 여섯 글자로 숫자와 영문자의 조합으로 이루어져 있다.

ex) A2A 2A5

Canada 주소체계 '서울특별시 강동구' 이런 형식으로 큰 단위부터 시작하는 우리나라의 주소체계와 캐나다의 주소체계는 완전히 다르다. 캐나다의 주소 표기법은 작은 단위부터 시작한다. 캐나다 주소 표기법이 우리나라의 표기법과 역순인 것 외에 우리와 다른 것은 바로 주소체계이다. 첫 번째로 다른 점은 거리에 이름이 있는 것이다. 예를 들면 나는 Dalewood Avenue에 살았다. Avenue는 거리라는 의미를 지니고 있다. Street 또한 거리라는 의미를 지니고 있지만 Dalewood Street와 Dalewood Avenue는 다른 곳이므로 구분지어야 한다. 하지만, 최근에는 우리나라도 주소체계를 변경하여 거리 이름을 붙이고 있다.

두 번째는 대부분 아파트에 사는 우리나라와 달리 소형 주택이나 개인 주택에 사는 캐나다는 집마다 번호가 있다. 소형 주택인 경우 주택번호와 집 번호가 각각 하나씩 있다. 예를 들면 2번 주택의 3번 꼬리표를 달고 있는 집에 거주하고 있다는 식이다.

세 번째 다른 점은 표기상의 차이점인데, 우리나라는 띄어쓰기로 행정구역을 구분하는 반면 캐나다 행정구역은 쉼표로 구분한다. 또 우리나라는 우편번호를 여섯 자리 숫자로 쓰는데 캐나다는 여섯 자리 숫자와 문자의 조합을 이용한다.

다음은 주 캐나다 한국 대사관 주소의 예이다.

150 Boteler Street, Ottawa, Ontario, Canada K1N 5A6
건물번호, 길 이름, 도시, 주, 나라, 여섯 자리 조합의 우편번호로 되어
있다.

'컬쳐 쇼크' 를 피할 수 있는 캐나다 문화 상식

정서적 차이

'Canadian dream' 이라는 청운의 꿈과 희망을 안고 캐나다로 가는 워홀러에게 작은 장애물을 제거하는 방법을 알려드리려고 한다. 작은 장애물? 그것은 바로 '문화' 이다. 캐나다는 태평양을 건너 지구 반대편에 위치한 나라이다. 물리적인 거리만큼 정서적인 차이도 상당히 있다는 것을 나는 캐나다에 가서야 발견했다. 처음에는 이점 때문에 너무 힘들어 우울증 비슷한 향수병을 앓았고 서럽게 운적도 있었다. '이곳이 정말 나와 같은 사람들이 사는 곳인가?' 하는 생각이 들었지만 나중에 생각해보니 '다른 문화를 가진 사람들이 사는 곳' 이었다.

지켜줘요, 개인 공간!

나는 진정 문화적인 차이의 피해자라고 말할 수 있다. 처음 웨이트리스로 일할 때 너무 바빴다. 그래서 나는 빠르게 움직이려고 최선을 다했다. 한국에서는 요리조리 서로 부대끼면서 빨리 일하지 않는가? 나 또한 그게 최선이라고 생각해서 열심히 일을 한답시고 재빠르게 움직였다. 하지만 같이 일하던 캐나다인 웨이트리스가 일하다 울어버렸다. 이유는 내가 개인 공간을 지키지 않았다는 것이다. 캐나다인은 서로의 개인 공간을 지켜주려고 노력한다. 개인 공간을 지켜주지 않는다면 그것은 그 사람을 무시하는 것으로 비칠 수도 있다. 그래서 조금만 닿으려고 해도 "Sorry"라고 말한 뒤 사람들이 알아서 개인 공간을 지키도록 해야 한다. 예를 들면 우리는 지하철을 탈 때, 이리저리 부대끼면서 빨리 가려고 하지 않는가? 하지만 캐나다인은 혹여나 부대낄까 지가면서 "Sorry"라고 말하며 서로의 개인 공간을 침해하지 않도록 노력한다.

웨이터는 부르지 않아요!

우리나라에서는 웨이터를 "여기요!" 하고 부른다. 하지만 캐나다에서는 부르지 않는다. 웨이터는 손님이 오면 물과 메뉴판을 먼저 서빙한 후 손님이 메뉴를 고를 때까지 기다리고 있다가 손님이 메뉴판을 테이블에 놓고 더 이상 관심을 기울이지 않으면 메뉴를 정했다는 신호로 알고 주문을 받는다. 너무 늦는 경우가 아니라면 웨이터가 알아서 오도록 만드는 편이 훨씬 캐나다 문화에 맞다. 팁 문화는 널리 알려져 있을 거라고 생각한다. 팁은 음식 값의 5~10% 정도이고 테이블에 놓고 오거나 카드 계산 시 팁 항목이 있으니 그때 적정량을 눌러주면 된다. 거의 2CAD 정도가 무난한 편이다.

인사해요, 무뚝뚝한 것은 싫어요!

캐나다인은 인사가 생활화된 사람들이다. 시골로 갈수록 그 경향은 짙어진다. 버스 탈 때, 대부분 인사를 한다. 탈 때는 "Hi"나 "How are you?" 등이 일반적이다. 인사말로 "Hello"는 잘 쓰지 않는다. "Hello"는 ① 전화 받을 때, "여보세요." ② 불만사항이 있을 때, "저기 이봐요." 등의 의미로 사용한다. 전화 인사말과 "저기 이봐요!" 할 때의 의미차이는 억양을 통해서 구분할 수 있다. 첫 번째는 짧게 "헬로!" 이렇게 쓰고 두 번째는 "헬로

~우?"하는 식으로 느리게 말하며 끝을 약간 올린다. "How are you?"와 관련해서는 "Fine, thanks. How are you?"라고 짧은 대답과 반문도 일반적이지만 상대방이 다시 "How are you?" 하고 똑같이 반문하는 경우도 있다. 그때 당황하지 말 것. 그냥 "안녕"이란 인사말에 "안녕!"이라고 대답했다고 보면 된다. 인사말과 관련한 이야기가 조금 길어지는데 젊은층이 많이 쓰는 인사말 중 "What's up?"이라는 인사말이 있다. 한국어로 번역하면 "무슨 일 있어?"의 의미를 담고 있다. 그럴 때, "I'm fine, and you?" 한다면 상대방은 당황할 것이다. 이땐, "아무 일 없다."라는 의미의 "Nothing."으로 짧게 대답하는 것이 좋다.

미안하다. 고맙다. 자주 쓰기!

캐나다인은 미안하다는 말을 많이 하기로 유명하다. 나는 그것이 미국인과 캐나다인의 차이라고 생각한다. 미국인은 본인 잘못이 될까봐 미안하다는 말을 잘 안하지만, 캐나다인은 벽에 부딪히고도 미안하다고 농담할 만큼 미안하다는 말이 몸에 배 있다. 대화중에 기침을 하면 "미안하다."라고 하는 것은 기본 중에 기본이다.

의사표현은 정확하게 해주세요!

의사표현을 확실하게 하는 것도 중요하다. 나는 가끔 하기 싫은 일을 권유 받으면 상대방에게 상처가 될까봐 얼버무리는 경향이 있다. 여전히 이 성격을 고치지 못했는데, 의사표현은 깔끔하게 하는 것이 좋다. 거절할 때는 적절한 이유를 들어 거절하면 그만이다. 상대방을 지나치게 배려한 답시고 억지로 부탁을 들어주거나, 얼버무릴 필요는 없다. 또한 무언가 상대방에 대해 불편한 점이 있다면, 그것도 역시 확실하게 의사표현을 하는 편이 좋다. 다만, 그럴 때는 상대방이 상처받지 않도록 말을 가려서 하는 것이 적절하다.

금요일은 Let's have a party!

캐나다인은 금요일 저녁에 파티를 자주 갖는다. 친구를 많이 사귀려면 금요일 저녁에는 파티에 가서 사교활동을 하는 것을 추천한다. 밖에서 술을 마시고 만나는 우리나라 문화와는 달리 캐나다인은 주로 집으로 저녁식사 초대를 하거나 홈 파티를 열어 서로 친분을 쌓는다. 저녁식사 초대는 가족과 함께 사는 친구나 동성친구가 하는 것이 대부분이다. 이성이 저녁식사를 초대했다면 다른 의미가 있을지도 모르니 충분히 생각하길 바란다. 친구들끼리는 대개 주말에 홈 파티를 한다. 파티라고 해서 거창한 것이 아니라 그저 자신이 마실 술을 사서 파티 장소에 가서 먹고 마시면서 친분을 쌓는 것이다.

홈 파티 문화는 캐나다의 외식비용이 비싸서 생긴 문화인 것 같다. 술은 한국처럼 편의점에서 판매하는 것이 아니라, 그 지역 내에 주류 상점liquor store에서 판매한다. 주류 상점에서 보드카, 럼주 등 다양한 술을 팔지만 파티에서 먹는 술은 보통 맥주이다. 홈 파티 후에는 클럽으로 향한다. 캐나다는 새벽 2시 이후 술판매를 일체 금지하므로 클럽은 새벽 2시에 끝난다. 홈 파티는 주로 친구들끼리 술을 마시면서 음악을 틀어놓고 이야기를 하거나 영화도 보고 게임도 하는 등 매우 자유롭다. 우리나라와 달리 마리화나 규제가 약해서 파티에 종종 마리화나가 있을 수도 있다. 마리화나는 "weed" 또는 "pot"이라고 부른다. 캐나다 문화상 강제성이 없기 때문에 권유 받았을 때, 거부하면 된다.

포옹에 익숙해져요!

서로 철저하게 개인 공간을 지켜주지만 헤어질 때나 반가울 때는 포옹을 한다. 나는 부모님 이외의 사람과 포옹하는 것에 거부감이 있었지만 점점 익숙해져 나중에는 내가 먼저 하게 되었다. 포옹은 친밀감을 높여줄 뿐만 아니라 건강에도 좋으니 기회가 있을 때 친구에 대한 애정을 포옹으로 표현해보길 바란다. 캐나다인은 볼에 뽀뽀를 하지 않지만, 스페인 친구나 프랑스 친구는 가끔 볼에 뽀뽀를 할 때가 있으니 미리 알아두고 너무 놀라지 마시길!

전화할 때나 채팅할 때, 끝인사는 반드시 해주세요!

한국에서 만난 캐나다 친구가 한국 사람은 "어, 어 그래, 어" 하다가 전화를 끊는다고 신기해 했다. 캐나다인은 확실히 하는 것을 좋아한다. 전화를 받을 때는 "Hello"로 받고, 끊을 때는 "Bye"로 끊으면 된다. 채팅 할 때는 그렇지 않은 경우도 있지만 대체로 비슷하다.

밥 먹을 때 소리를 내지 않고 음식을 입에 담고 말하지 않아요!

이것은 전 세계 공통이라고 생각할 수도 있다. 하지만 일본에서는 라면을 먹을 때, 소리를 내고 먹는 것을 맛있다는 의미로 해석한다고 한다. 우리나라에서도 음식을 소리 내지 않고 먹는 것이 예의이다. 이 부분을 강조해서 말하고 싶은 것은 이 행동이 습관화 되어 있어야 한다는 것이다. 캐나다인은 이 부분이 꽤나 몸에 배 있다. 차나 음료를 마실 때도 들이 마시는 게 아니라 한 모금씩 머금는다는 느낌으로 조용히 마신다. 이런 습관이 너무 몸에 배 있어서 사람에 따라서 다른 사람이 음식을 조금 소란스럽게 먹으면 견디지 못하는 사람도 있으니 신경 쓰는 편이 좋을 듯하다.

캐나다의 무한 야자타임(?), Uncle Tom이라고 부르지 않아요!

우리나라에서는 장유유서를 중시하는 편이다. 두세 살 많아도 학교선배에게는 존댓말을 쓰는 경우가 흔하다. 하지만 영어에는 일단 존댓말이 없다. 따라서 나이가 많은 편이라면, 캐나다에서 조금은 기분 나쁠 수도 있다. 심지어 다섯 살 아이마저 당신의 이름을 부를 것이기 때문이다. 하지만 나는 나이가 어려서인지 존댓말이 없는 것이 매우 좋았다. 존댓말을 사용함으로써 나이차이가 나는 사람을 공경하는 마음을 가질 순 있지만 존댓말 때문에 그 사이에 확실히 벽이 생긴다고 생각한다.

실제로 한국에서는 나보다 연상인 친구들이 거의 없었다. 하지만 캐나다에 와서 사귄 친구들은 대부분 나보다 연상이었다. 제일 나이가 많은 친구는 거의 내 아버지뻘이다. 그 친구는 ESL 선생님으로 나중에 사적으로 친해져서 거의 무료로 과외를 해준 고마운 친구이다. 나이 차이는 많이 나지만, 우리는 이메일을 보낼 때 To. My dear friend내 소중한 친구에게라며 친구라고 표현하니 친구가 확실하다. 처음 캐나다인 친구의 집에 저녁식사를 초대 받아 갔을 때, 친구 어머니의 친구가 나와 5살 정도 밖에 차이나지 않는 것을 보고 꽤 놀랐는데 나중에는 점점 익숙해지고 한국에서 쓸 수 없는 무한 야자타임?을 잘 누렸다. 무엇이든 처음엔 어색하지만 곧 익숙해진다. 다만, 한국에서 영어를 배울 때, 나이 많은 아저씨를 Uncle이라고 부른다고 하지만 실제로는 아무리 나이 차이가 많이 나도 Uncle이라고 부르는 것을 나는 한 번도 들어본 적이 없다. 그러니 어색하다고 Uncle을 붙이지는 말자.

고개 숙이거나 두 손으로 받지 않아요!

기본적인 유교문화와 서구문화의 차이점 중에 하나이다. 보통 유교문화에서는 인사할 때 고개를 숙이거나 물건을 두 손으로 건네받는 것이 예의이다. 하지만 캐나다에서는 아무도 고개를 숙이지 않는다. 모든 인사는 상대방의 연령대에 상관없이 가볍게 손을 올려서 친구에게 하듯이 하면 된다. 고맙다고 해서 고개를 숙일 필요 또한 없다. 그냥 말로 "Thank you." 하면 그만이다. 많이 고마울 때는 "I appreciate it."이라고 말해서 "Thank you."보다 더 고맙다는 표현을 쓰면 된다. 미안할 때도 역시 마찬가지다. 물건을 건네받을 때 캐나다인 중 아무도 두 손으로 물건을 건네받지 않는다. 모두 한 손을 사용한다.

6

캐나다에 정착하기

집 구하기

여러 가지 집 구하는 방법

정착의 기본은 숙소를 마련하는 일일 것이다. 일단 본격적으로 캐나다 정착생활에 관해 이야기 하기 전에 숙소를 구하는 방법부터 알아보자.

집을 구하는 방법은 여러 가지이다. 한국에서 미리 구해가도 되고 호스텔 등 숙박업소에 투숙하면서 캐나다 현지에 가서 직접 보고 다니면서 구해도 된다. 본인이 편한 방법을 선택하면 된다. 거주지를 구하는 방법은 크게 홈스테이, 방 빌리기, 숙식 제공 아르바이트 등이 있다.

홈스테이 구하기

홈스테이는 사이트와 어학원을 통해서 구할 수 있다. 어학원을 통해 구했을 때, 중개료를 물어야 하지만 중개인어학원이 한국인이고 한국에서도 연락이 용이하다는 점에서 해외 생활의 안전성을 보장할 수 있다. 보통 홈스테이 비용은 보통 650CAD~1,000CAD이다. 홈스테이에서 제공하는 서비스는 주거뿐 만아니라 식사와 교통수단도 지원해주는데, 이는 홈스테이 가정마다 약간씩 다를 수 있다. 캐나다인 홈스테이를 선택한다면 캐나다 문화에 대한 전반적인 지식을 쌓을 수 있다. 또한, 홈스테이의 장점은 지역사회의 정보를 쉽게 접할 수 있다는 것이다. 거의 모든 홈스테이 가정이 공항에서 Pick-up 서비스를 해주므로 처음 낯선 공항에 도착하여 거주지로 가는 걱정을 할 필요가 없다. 단점은 비용적인 측면에서 장기간 거주하기에는 부담이 크고 많은 것을 대신해주기 때문에 자생력을 기르기 힘들다는 것이다. 홈스테이를 구하는 방법은 첫 번째는 온라인으로 직접 구하는 것이다. 두 번째는 유학원이나 전문 홈스테이 알선 업체를 통해 구하는 것이다. 온라인으로 구할 수 있는 사이트를 소개한다.

www.homestayfinder.com 이 사이트는 국제적으로 홈스테이를 찾을 수 있는 사이트로 홈스테이 주인 중에 한국인이 거의 없다. 이용방법은 find a host family를 클릭한 후, 나라를 canada로 설정하고 자신이 거주하고 싶은 지역을 검색하면 된다. 맘에 드는 조건을 가진 집을 클릭하여 메일로 연락을 주고받는다. 홈페이지는 영어로 되어있으며 집에 관련된 소개는 번역 시스템을 이용할 수 있다. 온라인을 통해 홈스테이를 구했을 때는 항상 사기를 조심해야 한다. 돈은 미리 온라인 계좌 등을 통해서 주면 절대 안 되며 집을 둘러보고 짐을 푼 후에 거래를 하는 것이 좋다.

방 빌리기

외국인 학생뿐만 아니라 대학생들 또한 인터넷 사이트를 통해 방을 많이 구한다. 운이 좋으면 지역내 대학생들과 좋은 교류를 나눌 수 있다. 또한 방을 빌리는 경우 방 창문에 방을 빌려준다는 표지를 걸어놓기 때문에 전화나 이메일 등을 통해 연락한 후 직접 방문하여 방을 구경할 수 있다. 인터넷에 집 내부의 사진을 올려놓기 때문에 가지 않아도 되지만 직접 가서 확인한다면 더 좋을 것이다. 나는 해밀턴에 거주할 때, 맥마스터 대학교 앞의 하숙집 방을 빌려서 살았다. 프랑스인, 캐나다인, 대만인 룸메이트와 함께 즐겁게 지냈다. 나는 친구의 소개로 그 집에 살게 되었지만 내 룸메이트들은 모두 인터넷 광고를 보고 찾아온 친구들이었다. 방을 빌리는 장점은 홈스테이보다 더 자율적이고 독립적으로 생활할 수 있다는 것이고 단점은 무엇이든지 자기 스스로 해야 한다는 것이다. 캐나다에서는 방을 빌려주는 광고는 개인 광고 사이트를 통해 한다. 사이트를 몇 개 소개 하자면 다음과 같다.

온라인으로 방을 구할 수 있는 사이트
* www.canada.sellbuyclassifieds.com
* www.kijiji.ca
* www.prop2go.com
* www.craigslist.ca

방을 빌릴 때 deposit이라는 비용을 먼저 내야하는 곳이 있다. 일종의 보증금 같은 것으로 나중에 나올 때 돌려받을 수 있다. 또한, 정말 믿을 만한 사이가 아니라면 홈스테이나 방을 빌리는 비용을 지불할 때 그 비용에 관한 영수증을 받는 것이 좋다.

숙식 제공 아르바이트 구하기

숙식제공 아르바이트는 유급과 무급으로 나눌 수 있다. 일본 친구 중 한 명이 숙박시설에서 무급으로 일했다. 그 친구 말에 따르면 처우가 나쁜 것은 물론이고 쉬는 곳도 일터라서 잘 쉴 수도 없다고 한다. 또한, 숙식 아르바이트는 위험할 수도 있기 때문에 권하고 싶지 않은 방법이다.

숙소를 구한 후,
Next Step!

충분한 정보검색과 동네 한 바퀴

처음 낯선 곳에 도착했을 때, 일단 짐을 숙소에 옮겨놓은 다음 무엇을 먼저 해야 하는지 갈피가 잡히지 않을 것이다. 가벼운 마음으로 동네를 한 바퀴 둘러보면서 어디에 무엇이 있는지 확인해라. 주변 사람들에게 물어봐서 은행, 슈퍼마켓, 도서관 등의 중요 건물을 확인하는 것이 좋다. 도서관에서 자신이 거주하는 도시의 지도를 열람하거나 컴퓨터로 검색해서 출력할 수 있다. 지리에 익숙해질 때까지 지도 하나쯤은 가지고 있는 것이 좋다. 컴퓨터로 검색할 때는 'Map of 거주 도시' 라고 구글에 입력하거나 도서관 홈페이지에서 검색하면 된다.

동네를 한 바퀴 둘러보았다면 본격적으로 정착하기 위해 해야 하는 일들의 순서는 다음과 같다.

학원 등록하기

미리 봐두었던 ESL 학교나 학원 등을 찾아가 Tutorial 수업 등을 무료로 들어볼 수 있으면 들어본다. 학원시설, 커리큘럼, 가격 등을 자세히 알아보고 제일 마음에 드는 학교나 학원에 등록하자. 한국에서 미리 등록했다면 반 편성 등 봐야할 시험이 있을 것이다. 학원 등록절차를 마치면 학생증 같은 것을 만들어 달라고 하자. 은행에서 학생 신분으로 계좌를 계설하는 데 도움이 된다.

은행 이용하기

캐나다 은행은 학생이 아닌 경우 일정 수준의 예금액이 없다면 매달 돈을 보관해주는 대신 '수수료'를 요구하고 있다. 따라서 학생 신분으로 무료 계좌를 개설하기 위해서 다니는 학교나 학원에서 학생 신분을 증명해줄 수 있는 자료를 받아야 한다. 또한, 신분증 두 개나는 여권과 국제 운전면허증을 가져갔다.와 자신의 거주지를 증명할 수 있는 우편물 등을 같이 은행에 가져가야 한다. 학생신분으로 무료로 계좌를 개설해도 한 달에 30번 정도의 체크카드 사용 횟수 제한이 있다. 그 횟수를 초과하면 수수료를 떼는 은행도 있으니 개설시 물어본다. 캐나다에는 Big Five라고 불리는 다섯 개의 대형은행이 있다. 대형은행에 계좌를 개설할 때는 현금의 안정성도 보장할 수 있지만 지점과 ATM기가 그만큼 많기 때문에 현금서비스에 대한 불편함이 없다. 캐나다의 Big Five라고 불리는 은행을 규모 크기로 나열하면 다음과 같다.

1. Royal Bank of CanadaRBC Royal Bank
2. Toronto-Dominion BankTD Canada Trust
3. Bank of Nova ScotiaScotia Bank
4. Bank of MontrealBMO
5. Canadian Imperial Bank of CommerceCIBC

다섯 개 모두 전국에 많은 지점을 보유하고 있으므로 이들 중 거주지역과 가까운 은행을 이용하면 된다.

크게 두 가지 종류의 계좌가 있다. 하나는 저축을 목적으로 하는 '저축 계좌Saving account'이고 다른 하나는 자유로운 입출금을 목적으로 하는 '입출금 계좌Checking account'이다. 이자를 지급하는 저축 계좌와 달리 입출금 계좌는 대부분의 은행이 이자를 지급하지 않는다. 입출금 계좌에서 돈을 인출하는 것은 쉬우나 저축 계좌는 돈을 다시 인출하기 힘들다. 물론 예외가 있지만 저축 계좌는 저축을 목적으로 만든 계좌이므로 고의적으로 인출을 어렵게 만든 경우가 대부분이다. 나는 BMO에서 저축 계좌를 계설했는데 직접 창구에서만 돈을 인출할 수 있었다. 이처럼 창구에서 직접 인출하게 만들던지 외부에서 인출하는 횟수에 제한을 두는 식으로 저축 계좌는 계좌에서 돈을 인출하기 어렵게 되어있다.

PIN number의 중요성 캐나다에서 은행카드로 계산할 때, 대부분의 상점에서 PIN 번호를 입력해야한다. 상점에 비치되어있는 카드계산기에는 카드를 긁는 곳과 번호를 입력하는 곳이 있다. 카드를 긁고 번호를 입력하면 된다. 점원이 물어본다고 PIN 번호를 가르쳐주면 절대 안 된다. 자신만 알고 있고 스스로 입력해야 하는 번호이다. 이 번호를 통해 ATM기에 은행카드를 넣고 여러 가지 은행 업무를 볼 수 있다. 은행 업무를 창구에서 보는 경우에도 PIN 번호는 꼭 필요하다. 대부분의 캐나다 은행이 통장을 쓰지 않고 카드와 PIN 번호로 모든 거래를 하기 때문이다.

캐나다 계좌에서 돈을 출금하는 법, 캐나다 계좌로 입금하는 법

캐나다 계좌에서 돈을 출금하는 방법은 한국에서 출금하는 것과 비슷하게 창구를 통하거나 ATM기를 이용해서 할 수 있다. 창구를 이용하면 오랫동안 기다려야 하기 때문에 가급적 ATM기를 이용하는 편이 바람직하

① I'd like to open a bank(혹은 checking, saving) account, please.
은행(혹은 입출금, 저축) 계좌를 만들고 싶습니다.

② Do you have some form of identification?
신분증 있습니까?

③ I need to withdraw CAD500 from my saving account(혹은 checking account).
CAD500를 저축(입출금) 계좌에서 인출하고 싶습니다.

④ I'd like to close my saving(혹은 checking) account, please.
저축 계좌(혹은 입출금 계좌)를 없애고 싶습니다.

⑤ I would like to make a deposit into my checking account.
입출금 계좌에 돈을 예치하고 싶습니다.

다. 이때, 계좌를 개설한 은행의 ATM기에서 출금을 해야 수수료가 들지 않는다. 입금 또한 출금과 마찬가지로 ATM기와 창구 두 가지 다 이용할 수 있다. ATM기를 이용하기 위해서는 몇 가지 단어만 알면 된다.

*account: 계좌(이때 계좌는 checking account와 saving account 두 개로 나뉘어져있다. 우리가 흔히 입출금을 위해 쓰는 계좌는 checking account 이다. saving account는 저축을 목적으로 만들어진 계좌로 ATM기를 통해 출금할 수 없는 경우가 있다.)
*withdraw: 출금하다.
*deposit: 입금하다.
*pin number: 비밀번호
*check balance: 잔액을 확인하다.
*receipt: 영수증

ATM기 이용 방법에 관한 YouTube 비디오 영어로 ATM기를 이용하기 겁난다면 유튜브YouTube를 이용해서 ATM기를 이용하는 방법에 관해 배울 수 있다. "How to withdraw money from ATMATM기를 이용해서 출금하는 방법", "How to deposit money in ATMATM기를 이용해서 입금하는 방법"을 유튜브에서 검색하면 관련 동영상을 볼 수 있다.

캐나다에서 생활하다 보면 한국에서 송금 받아야 하는 날이 올 수도 있다. 자신의 캐나다 계좌로 한국으로부터 송금을 받으려면 어떻게 해야 할까? 한국에서는 계좌번호만 알면 송금이 가능하지만 캐다나는 송금을 받으려면 수취인의 이름과 계좌 등, 수취인에 관한 정보와 송금 받을 은행에 관한 정보가 필요하다. 대부분의 은행이 송금 및 계좌 이용에 관한 정보를 담은 책자를 계좌를 만들 때 준다. 그것을 참고하여 송금 관련 부분을 보고 어떤 정보가 필요한지 확인한 후 한국에 계신 부모님께 알려드린다.

도서관카드 만들기

집 주변 가까운 도서관이나 학원 주변에 가까운 도서관에서 도서관카드를 만들자! 한국에서는 도서관에 잘 가지 않는 사람이라도 캐나다에서 영어공부를 하려면 도서관에 가야한다. 도서관에서 할 수 있는 일이 많기 때문이다. 무료 영어 수업 참여 , 영어 학습 자료 대여, DVD 대여, 인터넷 사용, 프린터기 사용, 복사 등 "무료 영어 학습장 + 문방구 + DVD

대여점 = 도서관"이랄까. 도서관카드를 만드는 방법은 도서관에 직접 찾아가서 신분증과 거주지를 증명할 수 있는 자기 이름으로 온 우편물이나 세금 고지서를 보여주면 된다.

이 세 가지만 챙기면 대충 정착생활의 기본은 마무리 되었다. 영어 공부는 잠시 미뤄두고 일자리를 바로 구하고 싶은 분은 구직 편을 참조하길 바란다. 나는 캐나다에 도착하자마자 일을 구하는 것은 추천하고 싶지 않다. 다른 나라에서 일을 하는 것은 우리나라에서 일하는 것보다 고될 뿐만 아니라 일부터 시작하면 친구 사귀기도 어렵기 때문이다.

필요한 물건 사기

샴푸와 비누 등은 대형 용량으로 가져갈 필요가 없다. 바로 사서 쓰는 편이 가격대나 편리함 면에서 더 좋기 때문이다. 물건을 살 수 있는 곳은 편의점을 비롯해 거주 지역 내에 많을 것이다. 대형 할인마켓도 할인을 많이 하지만 보다 싸게 필요한 물건을 살 수 있는 곳은 없을까? Asian market(Chinese market 포함)이나 Farmer's market, Dollar shop 등을 추천 한다.

저렴한 Asian market 혹은 Chinese market 이용하기

Asian market은 말 그대로 아시아의 식료품이나 물품 등을 원하는 소비 자를 위해서 만들어진 가게로 아시아 사람에게 알맞은 물품을 구하기 쉬울 뿐 아니라 생활에 필요한 물건이나 식료품 가격이 저렴하다. 나는 냄비 하나를 단돈 2CAD에 샀다. 주변에 Asian market을 알아보려면 구글에서 'Asian market in 거주 지역' 이라고 검색하면 정보를 얻을 수 있고, 거주민에게 직접 물어봐서 찾을 수도 있다.

신선한 야채와 과일이 가득한 Farmer's market

Farmer's market은 중간 유통자를 거치지 않고 농부들이 직거래 하는 곳으로 지역마다 한 두 개씩 있다. Farmer's market에서는 신선한 과일과 식료품을 저렴한 가격에 구매할 수 있다. 지역 내의 Farmer's market은 인터넷 검색을 통해 쉽게 위치정보를 확인할 수 있다.

'Farmer's market in 지역정보'를 구글에서 검색하면 된다.

* BC 주의 Farmer's market
  www.bcfarmersmarket.org
* Saskatchewan 주의 Farmer's market
  www.saskfarmersmarket.com
* Alberta 주의 Farmer's market
  www.albertamarkets.com
* Manitoba 주의 Farmer's market
  www.manitobafarmersmarkets.ca
* Ontario 주의 Farmer's market
  www.farmersmarketsontario.com
* Quebec 주의 Farmer's market
  www.ampq.ca
* New Brunswick 주의 Farmer's market
  www.tourismnewbrunswick.ca
* Nova Scotia 주의 Farmer's market
  www.farmersmarketsnovascotia.ca

우리나라의 천원샵, Dollar store

Dollar store는 우리나라로 치면 '천원샵'이다. 모든 물건을 1CAD에 파는 것이 아니고 저렴한 가격에 연필, 지우개부터 콜라까지 다양한 물건을 판다. 개인이 운영하는 소규모 달러샵도 있고 대형 달러샵도 있다. 캐나다의 유명 대형 달러샵은 다음과 같다.

* A Buck or Two www.buckortwo.com

* Dollarama www.dollarama.com

* Great Canadian Dollar Store www.dollarstores.com

* Your Dollar Store With More www.dollarstore.ca

각 회사 홈페이지에서 지역별 위치Store Locator 혹은 Location을 클릭!를 확인할 수 있다.

캐나다의 유명 대형마켓

① SUPER STORE 월마트처럼 다양한 물건들을 판매하는 대형마켓이다. 대형마켓답게 가격도 저렴하다. www.superstore.ca

② COSTCO 한국에도 있는 코스트코는 전 세계 7개국한국, 미국, 일본, 캐나다, 영국, 멕시코, 대만에 매장을 두고 있으며, 회원가입을 하고 카드를 발급받은 후 이용이 가능하다. 코스트코는 대량구매를 위해서 가는 곳으로 대량구매 시 가격대가 저렴하다. 파티에 필요한 물품이나 휴지 등을 대량구매 할 때 이용하면 유용하다. www.costco.ca

③ Shoppers Drug Market 편의점 형식으로 만든 할인마켓으로 요즘 한국에도 이런 할인마켓 등이 많이 생기는 추세다. 화장품, 식료품, 생활용품 등 없는 것이 없고 편의점처럼 한 층에 있어 쇼핑하기 편하다. www.shoppersdrugmart.ca

④ Canadian Tire 먹는 것 빼고는 다 판다는 이곳에서는 자물쇠, 열쇠 등의 공구를 구입할 수 있다. 열쇠 복사 같은 것도 역시 가능하다. 나는 열쇠를 잃어버려서 이곳에서 복사한 적이 있다. 구매 시 쿠폰을 나누어주는데 이 쿠폰은 돈처럼 쓸 수 있으니 모아두는 것이 좋다. www.canadiantire.ca

⑤ Future Shop 캐나다의 대표적인 전자제품 마켓이다. 노트북, USB 등 전자제품을 구매할 수 있다. www.futureshop.ca

⑥ Save on Food 식료품을 전문적으로 판매하는 가게로 싱싱하고 저렴한 식료품을 구매할 수 있다. www.saveonfoods.com

마켓 사이트에 들어가서 자신의 지역을 선택하면 해당 지역의 마켓이 실시하고 있는 할인 물품에 관한 정보가 담긴 전단지Flyer를 볼 수 있다. 전단지는 거의 일주일 형식으로 나오며Weekly Flyer 이 전단지를 꼼꼼히 체크해서 장을 본다면 생활비를 절약할 수 있을 것이다.

장보는 데 필요한 물건에 관련된 영어

내가 장을 볼 때, 생소했던 야채이름, 조리기구 및 몇 가지 이색적인 요리재료와 대표적인 현지 레시피 사이트를 소개하고자 한다.

chop 토막 또는 갈비 살

drumstick (닭고기 등의) 다리

fillet 육류 또는 생선의 뼈를 발라내고 저민 살코기로 주로 연어 등의 어류가 fillet으로 나온다.

french-fries 패스트 푸드점의 감자 튀김

green bean 콩깍지 통째로 요리하는 초록색 콩

gummy candy 그냥 gummies라고 부르기도 하는 데 젤리 종류의 과자를 지칭하는 말

lettuce 상추(우리나라 상추와는 약간 다르게 생겼다. 우리는 밥을 싸먹지만 캐나다에서는 샐러드용으로 먹는다.)

lime 레몬 비슷한 녹색의 과일로 주로 맥주 마실 때 넣어서 먹는다.

oven roast 오븐용 구이 고기

peas 완두 종류를 지칭하는 말로 초록색 완두는 green peas

hot pepper 고추

sweet pepper 피망

green onion 파

pomegranate 석류

raspberry 산딸기(산딸기와 블루베리 등 베리 종류를 섞어서 와플용이나 아이스크림용으로 큰 봉지에 팔며 세일을 자주 한다.)

daikon 흰 무

soft drink 청량음료

thigh 넓적다리 고기

참고할 만한
음식 관련 용어

baking pan 오븐에 넣는 팬으로 캐나다에서는 요리할 때 프라이팬만큼이나 자주 사용하는 필수 아이템이다.

bowl 안이 움푹 들어가 있는 그릇으로 안이 평평한 접시와 대조적이다.

can opener 통조림 따개이다. 스프라든지 소스, 간편 요리 같은 경우 통조림 형태로 많이 판매하므로 통조림 따개를 가지고 있는 편이 좋다. 통조림 오프너가 통조림에 붙어있지 않은 경우가 많다.

colander 체

corkscrew 와인 따개로 술을 파는 주류 상점에서 같이 판매한다.

cutting board 도마

frying pan 프라이팬

grater 강판

ladle 국자

mug 손잡이가 있는 컵을 말한다. 손잡이가 없는 컵은 glass이다.

oven mitts 오븐 장갑

peeler 야채나 과일 껍질을 벗기는데 쓰는 칼로 감자샐러드를 만들 때나 다른 여러 곳에 매우 유용하게 사용한다.

pot 냄비로 요리하는데 꼭 필요한 필수 물품이다. 찻주전자는 tea pot이다. pot은 속어로 대마초를 뜻하기도 한다.

deodorant 겨드랑이 땀 제거제

dish detergent 접시 세제, 옷 세척제는 그냥 detergent이다.

flip-flop 조리 신발

humidifier 가습기

paper towel 휴지

생소할 야채 소개

① 아티초크artichoke는 꽃봉오리처럼 생겼는데 삶아서 녹인 버터나 자신의 기호에 맞는 소스에 찍어먹는다.

② 아스파라거스asparagus는 기둥모양의 야채로 삶아서 먹기도 하고 구워서 먹기도 한다.

③ 리크leek는 파가 확대된 것처럼 생긴 채소로 스프를 만들 때 주로 사

용한다.

④ 터닙turnip은 순무로 캐나다에서 많이 사용하는 무이다. 여러 가지 종류의 음식에 쓴다.

⑤ 쥬키니zucchini는 서양 호박으로 우리나라 애호박과 같이 긴 형태이다. 칼로리가 낮지만 영양가가 높아서 건강 음식재료로 알려져 있다. 다양한 방법으로 요리할 수 있다.

캐나다 음식 레시피 사이트

① www.simplyrecipes.com 여러 가지 재료를 검색하면 그 재료를 이용해 간단하게 요리할 수 있는 방법을 가르쳐주는 사이트이다. 심플리 레시피라는 사이트 이름 그대로 요리법은 어렵지 않다. 이 사이트에 생소한 야채 이름을 검색하면 그것을 이용하여 만들 수 있는 요리법이 나온다.

② 유튜브에서 요리사들이 직접 요리하는 모습을 볼 수 있다. 요리법을 글로만 보는 것 보다 훨씬 이해하기 쉽고 동시에 영어공부도 될 것이다. 요리하고 싶은 야채나 재료의 요리법을 찾을 때 'How to cook'으로 검색하면 된다.

③ 캐나다 레시피 추천 사이트

* www.foodnetwork.ca/recipes/index.html: 각종 행사나 시즌에 맞춘 요리법 등을 소개하고 있다.

* www.whats-cooking.ca: 아침, 디저트, 저녁 등 여러 가지 일상적인 요리를 카테고리에 담아 소개하고 있다.

캐나다에 가면 꼭 맛봐야 할 군것질거리

① pizza pops　우리나라 만두 피 같은 빵 반죽을 사용하여 그 안에 피자 재료를 넣은 제품으로 간식용 피자이다.

② root beer　'가짜 맥주'라고 해야 되나? 겉모습이 맥주처럼 생긴 무알콜 음료수이다. 이름도 'beer'라서 처음에 나는 이 음료수가 맥주인줄 알고 3병이나 마셨지만 전혀 취기가 없어서 룸메이트에게 물어 봤다가, 결국 룸메이트에게 큰 웃음을 주고 말았다.

③ wafle, maple syrup, 베리 봉지　대형 마트에 가면 와플, 메이플 시럽, 베리를 냉동한 봉지를 각각 판매한다. 이 재료들을 사서 아침에 토스트기에 와플을 구워 메이플 시럽을 얹고 베리를 올리면, 음! 맛있는 아침을 맞이할 준비 끝!

④ marshmallow candy　마시멜로를 사서 가스 불에 구워 먹거나 녹여서 과자 사이에 끼워 먹으면 맛있다!

⑤ peanut butter chocolate　피넛버터 초콜릿!! 마트에서 각종 피넛버터 초콜릿을 판매한다. 나는 이 초콜릿을 먹기까지 피넛버터와 초콜릿이 그렇게 잘 어울리는 한 쌍인지 전혀 깨닫지 못했다. 하지만 이 찰떡궁합이 만나면 칼로리가 대단히 높아지니 주의하기 바란다.

장보기 절약 TIP

AIR MILES card　신용카드도 아닌데 쇼핑을 할 때마다 비행기 마일리지를 쌓아주는 카드가 있다. 그것이 바로 AIR MILES 카드이다. 캐나다의 100개가 넘는 브랜드가 AIR MILES 서비스를 제공한다. 대표적인 브랜드로는 차량 렌트 브랜드인 Budget Car & Truck Rental과 유명 피자 브랜드인 Boston pizza, 역시 캐나다의 유명 마트인 Sobey와 Metro 등도 있다. 더 자세한 사항을 알고 싶다면 www.airmiles.ca를 방문하면 된다. AIR MILES 신청은 온라인으로 할 수도 있고 Sobey나 Metro에 장을 보러 갔을 때나, 여타 다른 AIR MILES 서비스를 제공하는 곳에서 오프라인으로 신청할 수 있다.

캐나다에서 한국음식이 먹고 싶다면?

가까운 한국음식점을 찾아볼 수도 있고 한국마켓 또는 중국마켓을 찾아 한국식 재료를 구해 집에서 직접 만들 수도 있지만 대체로 '물 건너서 온' 한국제품은 비싸다. 하지만 한국제품을 전문으로 판매하는 대형마켓이 온타리오에 있다. 대형마켓에서 구매하면 지역의 작은 아시안마켓보다 좀 더 싼 가격에 살 수 있다.

Galleria Supermarket 온타리오의 쏜힐과 토론토에 2개의 점포가 있다. 온라인으로도 주문하여 배송 받을 수 있으며 가격이 여타 소규모 상점보다 저렴하다. www.galleriasm.com

한국 식품 다운타운, 스카보로, 미시사가 등 총 다섯 개 지역에 점포를 두고 있으며 역시 온라인으로 주문할 수 있다. Culture Center를 운영하여

지역교민들이 기타나 요리, 영어, 수지침 등을 배울 수 있는 수업을 열고
있다. www.patmart.net

'SIN' 이란?

'SIN' 은 Social Insurance Number의 줄임말로 9자리로 된 사회보장 번호이다. 캐나다 시민, 캐나다 이민자, 임시 거주민워킹홀리데이 프로그램 참여자 포함은 모두 SIN 신청이 가능하다. SIN을 신청하면 자신만의 사회보장 번호가 새겨진 카드를 발급받는다.

이 카드를 발급받는 것은 합법적인 노동자라는 것을 증명하는 동시에 노동자가 보장받아야 할 권리를 받을 수 있다는 것이다. 카드는 신청 시 별도의 심사과정을 거쳐 우편으로 발송되며 소요 시간은 10일가량 걸리고 발급 비용은 무료이다. 단, 재발급 시 10CAD의 비용을 내야한다.

SIN 카드 발급처

여권을 들고 가까운 Service Canada Center를 찾아 가면 된다. 가장 가까운 Service Canada Center를 찾는 방법은 다음과 같다.

www.servicecanada.gc.ca/eng/sc/sin 사이트에 들어간다. 그럼 많은 질문들이 있다. 그 중에 How do I apply for a SIN, replace my card or amend my SIN record(e.g. a name change)?라는 항목을 클릭한 다음,

your nearest Service Canada Center를 클릭하면 자신이 살고 있는 지역에서 가장 가까운 Service Canada Center를 검색할 수 있다. Postal code 즉, 자신의 우편번호를 통해 검색할 수도 있고 자신이 살고 있는 도시를 이용해서 검색할 수도 있다. 도시로 검색했을 때, 자신이 살고 있는 도시가 대도시라면 센터가 여러 개일 가능성이 크다. 따라서 가장 가까운 센터를 찾기 힘들 수도 있으니 가급적 우편번호를 통해 가장 가까운 센터를 검색하는 것을 추천한다. 자신의 우편번호를 모를 때는 캐나다 우체국 홈페이지에서 www.canadapost.ca에서 Find a Postal Code라는 버튼을 누르면, 자신의 거주지 우편번호를 검색할 수 있다.

SIN 카드 발급 준비물

SIN 카드를 발급받기 위해서 필요한 준비물은 여권과 여권에 부착된 work permit이다. 즉, 여권만 들고 가면 된다.

SIN과 관련해서 주의할 점

사회보장 번호는 일종의 신분증과도 같다. 서비스 캐나다 홈페이지에서는 도용의 위험성을 알려주고 있다. 또한, 합법적으로 사회보장 번호를 제시해야 하는 경우도 알려주고 있는데 그 경우는 다음과 같다.

① 급여 목적상 고용주에게 제시할 때

② 소득세 신고서를 작성할 때

③ 특정한 금융거래 목적상 귀하가 거래하는 금융기관에 제시할 때

④ 산업재해 보험을 신청할 때

⑤ 육아지원 수당을 수급할 때

또한 제시하지 않아도 되는 경우는 다음과 같다.

① 신분을 입증할 경우특별한 정부 프로그램들 제외

② 구직 전 구직 신청서를 작성할 때

③ 부동산 임대 신청서를 작성하거나 또는 건물주와 거래를 협상할 때

④ 신용카드 신청서를 작성할 때

⑤ 수표를 현금화할 때

⑥ 비디오가게 회원권을 신청할 때

⑦ 특정한 은행거래예: 모기지, 크레디트 라인, 대출 서류를 작성할 때

⑧ 의료 질의서를 작성할 때

⑨ 차량을 임대할 때

⑩ 장거리 또는 이동전화 서비스를 신청할 때

⑪ 정부 장학금을 신청하는 것이 아닌, 대학 또는 전문대학에 지원할 때

정착 생활에 도움을 주는 커뮤니티

캐나다 생활에 도움을 줄 단체가 필요한가? 영어 번역이나 여러 가지 도움이 필요할 때, 지역의 이민자를 도와주는 센터나 한인회 등을 이용할 수 있다. 이민자를 도와주는 센터는 이민자가 아니면 안 되는 것이 아니냐고? 전혀 그렇지 않다. 적어도 내 경험으로는 말이다. 나는 대학입시, 이력서 작성, 구직 등의 도움을 이민자 센터에서 받았다. 지역별 이민자 센터 정보는 캐나다 이민국 사이트의 다음 링크를 참조하면 볼 수 있다.

www.servicesfornewcomers.cic.gc.ca

한인 커뮤니티에 전화하면 다양한 정보를 한국어로 얻을 수 있을 뿐만 아니라 번역 등 여러 문제가 있을 때 무료로 도와주기도 한다. 세금 공제, 대학 입학 등의 문제 또한 무료로 도와주는 곳도 있다. 한인회 정보는 다음과 같다.

① 토론토 한인회 www.koreancentre.on.ca

② 앨버타 한인 정보지원 센터 www.alberta114.ca

③ 토론토 한국 YMCA YMCA Korean Community Services

721 Bloor Street West Unit 303 Toronto, ON M6G 1I5

Tel. (416) 538-9412 Email: memberservices@ymcagta.org

④ 한인사회봉사회(Rainbow Info & Social Services)

Tel. (416) 531-6701

⑤ 한인 여성회 KCWA Family and Social Services

Tel. (416) 340-1234 **www.kcwa.net**

⑥ 생명의 전화 Korean Canadian Telecare Life Line

Tel. (416) 447-3535 24시간 전화 상담 가능

⑦ 밴쿠버 한인회 www.vancouverkoreans.ca

⑧ 오타와 한인회 www.ottawakorean.com

⑨ 몬트리올 한인회 http://kcc.montrealkorean.com

캐나다 생활에 많은 정보를 얻을 수 있는 한인 커뮤니티 사이트
* www.canadapia.com 한인 업소의 구인 광고, 캐나다 생활에 필요한 정보
* www.canada114.com 음식, 관광정보, 구인구직 광고, 캐나다 생활에 필요
  한 정보
* www.gatecanada.com 구인구직 광고, 캐나다 생활에 필요한 정보

캐나다에서 한국으로 전화 걸기

많은 사람이 캐나다로 출국할 때, 인터넷 전화기를 가져간다. 대부분의 인터넷 전화기는 한국에서 사용하는 것과 동일한 요금으로 국제통화 및 문자를 사용할 수 있다. 하지만 과연 1년이라는 짧은기간의 캐나다생활에서 유용한가?라고 생각했을 때, 그렇지 않다. 1년이란 시간 동안 완벽하게 영어를 배우기는 어렵다. 캐나다에 인터넷 전화기를 가져가면 가격이 저렴하니까 그리운 마음에 자꾸 전화를 하게 되서 당연히 영어보다 한국말을 많이 쓰게 된다. 따라서 나는 인터넷 전화기를 가져가는 대신 앞서 소개한 스카이프를 이용하였다. 가족이나 친구가 보고 싶을 때는 스카이프에 접속하여 무료 화상 채팅을 하였다. 긴급하게 전화를 해야 할 때는 국제 전화카드를 이용했다. 국제 전화카드를 이용하면 공중전화, 휴대전화 혹은 집 전화를 사용해 해외로 전화를 걸 수 있다. 국제 전화카드는 거의 모든 편의점 및 대형매장에서 판매하며 가격은 5CAD 정도이다.

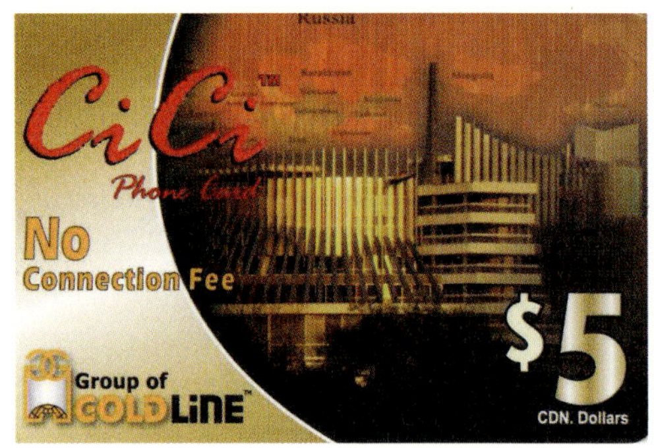

향수병 극복하기

캐나다로 떠날 때, 20년 동안 지겹도록 산 한국이 그리울 것이라곤 생각도 못했다. 한 달이나 일주일 정도는 씩씩하게 혼자 여행도 다니던 나이니 1년쯤은 충분히 견딜거라 생각했다. 하지만 생각보다 1년은 길었다. 사랑하는 가족과 친구가 못 견디게 그리울 때가 있었다. 얼큰한 찌개와 밥이 눈물 나게 먹고 싶을 때가 있었다. 유학 경험이나 워킹홀리데이 경험이 있는 친구들의 이야기를 들어보고 종합적으로 내린 결론은 "향수병은 누구에게나 온다."는 것이다. 다만 이 향수병을 빨리 극복하는 것이 중요하고 또한, 영어공부에도 좋다.

향수병 어떻게 극복할 것인가?

한국콘텐츠 자제하자! 캐나다에 가면 보지 않았던 인터넷신문의 기사마저 한국과 관련되어 있는 것이면 뭐든지 재밌어진다. 한국 포털 사이트, TV드라마, 웹툰 등 한국에서 즐겨보던 매체에 대한 간절함은 캐나다에 오면 배가 되고 그런 것들을 접할 때마다 한국에 대한 그리움은 배가 된다. 영어공부뿐만 아니라 향수병을 잘 극복하기 위해서라도 한국콘텐츠를 자제해야 한다.

정기적으로 시간을 정해서 친구와 가족에게 연락하자!   처음 캐나다에 왔을 때는 메신저에서 24시간 온라인 상태를 유지하고 가족과도 연락을 거의 밥 먹듯이 했다. 하지만 그럴수록 그들이 너무 그리워서 어쩔 줄 모르게 되는 내 자신을 발견했다. 또 시차 때문에 주로 밤에 연락해야 했고 이야기가 길어지면 다음날 오전에 비몽사몽이 되어 현실생활에 적응하지 못했다. 또한, 가족과 친구들이 들려주는 한국이야기에 마음을 빼앗겨 종일 마음은 한국에 있었다.

결국 바람직한 유학생활을 위해 나는 메신저 계정을 삭제하고 일주일에 한 번, 토요일에만 친구와 가족에게 연락하기로 하였다. 가족, 친구 모두 처음 내가 일주일에 한번만 연락하자고 했을 때 조금 싫어했다. 하지만 진정으로 당신 곁에 남을 사람이라면 이런 결정을 이해해 줄 것이다. 따라서 연락을 줄이자고 말하는 것을 두려워 할 필요는 없다. 당신을 진정 사랑하는 사람이라면 분명 이해할 것이다. 나 또한 그랬으니까.

새로운 것을 즐기자!   나는 캐나다에 와서 2개월을 향수병에 빠져 살면서 처음으로 우울증 비슷한 증상을 느꼈다. 당시에는 우습게도 죽고 싶다는 생각이 들었다. 낯선 환경, 낯선 사람들, 낯선 언어 그곳은 내가 알던 세상이 아니었다. 이 철저한 '낯선 세계'의 환경에 적응해야 하는 하루하

루가 스트레스였다. 하지만 어느새 나는 마음을 바꿨다. "나는 '낯선' 곳에 온 것이 아니라 내 자신의 의지로 완전히 '새로운 세상'에 왔다"고…….

　캐나다에 있을 때, 현지 친구를 많이 사귀어라. 그들이 당신을 새로운 세상으로 이끌어줄 것이다. 파티도 자주 다니고 적극적으로 사람들에게 다가가라. 친구들과 여행도 다니고 이국적인 풍경을 보고, 알아들을 수 없는 노래의 멜로디를 듣고, 그동안 맛보지 못했던 음식을 먹고 즐기고 그때의 기쁨을 마음에 새기자. 어느새 향수병은 사라질 것이다.

If you want to conquer fear, don't sit home and think about it.Go out and get busy.

–Dale Carnegie

만약 당신이 두려움을 정복하고 싶다면, 가만히 집에 앉아서 그것에 대해 생각만 하지 마라. 밖으로 나가서 바쁘게 살아라.

–데일 카네기

캐나다에서 영어 정복하기

사립 어학원과 무료 어학원

나는 PEI에 도착했을 때, 사립 어학원을 한 달 다녔다. 그러나 달에 약 80 만 원에 가까운 비용을 감당할 수 없어서 결국 한 달 만에 그만두었다. 그 후 해밀턴으로 와서 St. Charles 학교를 알게 되었다. St. Charles 학교는 지역 내 Adult Education Centre로 지역주민을 위해 ESL영어교육을 비롯한 조리 교육, 자격증 교육 등을 제공하는 학교이다. 나는 St. Charles 학교에서 ESL 교육 및 TOEFL 교육을 받았다.

사립 어학원과 무료 어학원은 어떤 차이가 있는지 많은 사람이 궁금해 할 것이다. 둘 다 경험해 본 나는 사립 어학원과 무료 ESL 학원의 차이점을 알 수 있었다. 좋은 사립 어학원의 경우 학생의 의견이 수업에 잘 반영되어 반 이동이나 수업의 질 개선 등이 쉽다. 하지만 내가 다녔던 St. Charles 학교 같은 경우에는 2달에 한번 실력 테스트를 해서 반 이동이 어렵고, 입학 후 첫 반 배정은 원어민 접수원이 학생을 잠깐 보고 임의로 배정해서 정확하지 못할 우려가 있다. 나도 이 때문에 조금 힘들었다. 안내원이 처음에 반 배정을 가장 낮은 반에서 두 번째로 했기 때문이다.

하지만 담임선생님이 첫날에 다시 반 배정 시험을 받게 해주어 제일 높은 ESL 반으로 다시 배정되었다. St. Charles를 다니며 겪었던 다른 재미있는 일은 ESL 반에서 TOEFL 반으로 옮기려 할 때 일어났다. ESL 반은 일반적인 영어를 공부한다면 TOEFL 반은 TOEFL 시험에 대비해 좀 더 학문적이고 전문적인 영어를 배우는 반이다. ESL 반에서 TOEFL 반으로 가려면 원어민 선생님과 1:1로 실력 검증을 다시 받아야 한다.

나는 이 테스트를 통과했다. 하지만 학교 측에서 나를 TOEFL 반으로 보내주지 않았다. 워킹홀리데이 비자로는 전문적인 수업을 받을 수 없다는 것이다. 하지만 나는 TOEFL이 전문적인 수업이 아니라고 생각했다. 내가 생각하는 전문적인 수업은 법학이나 의학같은 전문적인 지식을 요하는 것이다. 따라서 나는 이민국에 전화하여 항의해서 내 비자로 TOEFL 반 수업을 받을 수 있다는 승낙을 이민국으로부터 받아 학교 측에 제출하여 결국 무료로 TOEFL 수업을 들을 수 있었다.

반 수준은 상상 이상이었다. 선생님들은 캐나다 유수의 대학원을 나온 인재들이고 학생의 반 이상이 다른 나라에서 온 의사들로 자신의 나라에서 딴 의사 자격증을 캐나다 의사 자격증으로 바꾸기 위해 TOEFL 시험 점수가 필요해서 온 사람들이었다. 영어뿐만 아니라 캐나다 문화 등에 대한 전반적인 지적 탐구와 토론으로 가득 찬 수업은 어느 사립 어학원에서도 볼 수 없는 값진 수업이었다. 무료 ESL 수업이라고 꼭 질이 떨어지는 것이 아니라 '하기 나름'이라는 것을 몸소 체험할 수 있었다. 캐나다에서 활용할 수 있는 무료 ESL 학교와 각종 도서 관 등에서 이루어지는 무료 회화수업에 관한 정보는 이어서 소개하겠다.

indows Live Hotmail Print Message

COPY ONLY

Page 1 of 2

Print

Close

Request for information

From: **Citizenship_and_Immigration_Canada@cic.gc.ca**
Sent: Thursday, September 16, 2010 4:32:29 AM
To: rimi1127@hotmail.com

Citizenship and Immigration Canada   **Citoyenneté et Immigration Canada**   Canadä

Please do not reply to this email.

Date: 2010-09-15

Sir, Madam,

Thank you for contacting the Call Centre. I am pleased to provide you with the requested information:

Generally, if you want to study in Canada, you need a *Study Permit*.

As an exception, you can study in Canada **without** a study permit if:

- the length of your course or program of study is six months or less; **and**
- you will complete your course or program of study within the time period you have been allowed to stay in Canada.

These short-term courses include self-improvement or general interest courses, such as painting or language courses. You are also allowed to take courses offered at colleges and universities, as long as **the courses are not taken as part of a program.**

Please note that you must apply for a study permit if the main reason for your visit or for your request to extend your stay in Canada is to study.

The Internet links below will provide you with more detailed information:

Description: Application to Study in Canada
Address: http://www.cic.gc.ca/english/information/applications/student.asp

Description: Application to Change Conditions or Extend Your Stay in Canada as a Student
Address: http://www.cic.gc.ca/english/information/applications/extend-student.asp

주 5회 이상 무료인 ESL 학교

St. Charles School

워킹홀리데이 비자가 있으면 무료로 한주에 5일월~금 ESL 수업을 들을 수 있다. 일자리를 알선해주는 단기 직업훈련 프로그램도 있어 이 프로그램을 통해 일자리를 구할 수도 있으며 TOEFL 수업 수준이 높다.

St. Charles는 해밀턴에 여섯 곳이 있으며 가장 큰 메인센터 두 곳의 주소는 다음과 같다.

① St. Charles Adult & Continuing Education Centre

150 East 5th Street (Parking accessible on Brucedale) Hamilton, Ontario I9A 2Z8

Tel. 905-577-0555

② St. Charles Adult & Continuing Education Centre

45 Young Street (Parking accessible by Augusta St) Hamilton, Ontario L8N 1V1

Tel. 905-577-0555

나머지 주소는 링크를 통해 확인할 수 있다.

http://www.stcharles.ca/maps.html#east5th

CCE(Community and Continuing Education)

St. Charles 같은 무료 ESL 학원이다.

77 James Street North 3rd level Hamilton, Ontario

Tel. 905-525-8833

서스캐처원 주의 무료 ESL 기회

서스캐처원 주에서는 2달 이상의 유효한 워크 퍼밋을 가지고 있으며 영어 실력이 CLBCanadian Language Benchmarks 기준 1-4레벨 정도 되는 사람에게 무료로 ESL 수업을 제공하고 있다.

Canadian Language Benchmarks Placement Test

Form 1 ② 3 4   **Assessment Report**
(Circle the test form number used for this assessment)

Client Name:	Yelim KIM
Client ID #:	628-491-220
Client Phone #:	289-389-3862
Date:	SEPT 20, 2010
Test Location:	ST. CHARLES EAST 5TH

Listening Benchmark	B7
Speaking Benchmark	B7
Reading Benchmark	B8
Writing Benchmark	B6
Comments	
Recommended Placement	TOEFL am/pm Joe Curto am/pm Room 13
Assessor	LISA RAMACIERI

CLIENT COPY

CLB란? CLB는 캐나다 대부분의 ESL 학원에서 통용되는 성적으로 ESL 학원에 처음 들어갈 때 CLB 레벨 테스트를 받을 수 있다.

또한 서스캐처원 주의 리자이나Regina 지역에는 CLB 레벨이 5~8인 사람들을 위해서 만들어진 ELT 수업이 있다. 이 수업을 듣기 위해 필요한 것은 유효한 워크 퍼밋과 특정 분야에 대한 학위나 자격증이다. 그 특정 분야는 다음과 같다.

- 비즈니스, 금융 또는 행정
- 자연과학, 응용과학
- 보건
- 사회, 교육, 행정
- 전문성 있는 업종 관련

ELT 프로그램은 약 3개월간의 영어 수업 후, 2달 동안 직업 경험을 쌓게 해주면서 직업을 찾도록 도와주는 프로그램이다. 이 ELT 프로그램은 1년 내내 아무 때나 있는 것이 아니고 신청기간이 따로 있다. ELT 프로그램에 관한 자세한 부분은 Regina open door 사이트나 전화로 확인할 수 있다.

Tel. 306-352-5775, http://rods.sk.ca

이러한 무료 수업을 듣기 위해서는 먼저 레벨테스트를 받아야 한다. 서스캐처원 주에 도착하면 자신의 지역과 가장 가까운 Regional Newcomer Gateway를 찾아서 영어 실력 평가를 받은 후에 학교 배정을 받아야 한다. Regional Newcomer Gateway는 총 11개가 있다.

www.saskimmigrationcanada.ca/immigration-gateway-map
지도 링크를 보면 다음과 같은 그림이 나온다.

초록색이 센터이다. 자신이 거주하는 지역과 가장 가까운 센터초록색 동그라미를 클릭하면 주소가 나온다. 센터에서 영어 실력평가language

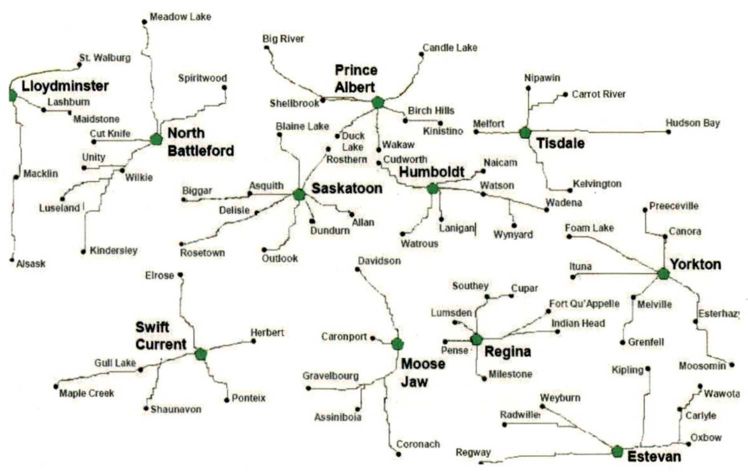

assessment를 받고 학교를 소개 받을 수 있다. 영어 실력평가를 받는 비용
은 무료이다.

그 외 무료 ESL 수업이나 클럽

토론토 도서관에서 제공하는 무료 ESL 수업에 관한 사이트이다.

http://www.torontopubliclibrary.ca/new-to-canada/esl.jsp

토론토에는 공립도서관이 여러 개 있다. 각 지점에서 운영하는 수업의
시간과 수준에 대한 소개를 확인할 수 있다.

ESL 프로그램을 가지고 있는 Calgary 내 교회 정보
http://www.eslcooperative.ca/index.php/churches/church-based-esl-
programs.html

ESL 프로그램을 가지고 있는 Toronto 내 교회
* Bayview Glen Church
  www.bayviewglen.org
  E-Mail: esl@bayviewglen.org Tel. 905-881-5252
* Saint Paul's Anglican Church
  http://www.stpaulsbloor.org/learn/esl

무료 혹은 저렴한 ESL 학교 찾는 방법

지역 내 ESL 학교 검색 자신의 거주 지역 내에 있는 이민국에서 지원해주는 ESL 학교를 검색할 수 있다. 이민자만 받는 학교도 있지만 워홀러도 무료나 혹은 저렴한 가격에 수업을 받을 수 있는 편이다. 따라서 검색을 통해 연락을 한 후, 직접 가는 것을 권한다.

사이트 주소는 다음과 같다.

① http://www.onlinetools.ontarioimmigration.ca/esl/wizard/index.aspx온타리오 주

② http://www.elsanet.org/esldirectory브리티시 콜롬비아 주

③ http://www.tcu.gov.on.ca/eng/adultlearning토론토 스쿨보드가 운영하는 ESL 학교

④ http://www.immigrantservicescalgary.ca/esl-directory캘거리 주

지역 내 무료 ESL 클럽에 참여하기 캐나다의 많은 지역들이 개인에 의해 무료로 운영되는 소규모 ESL 클럽을 가지고 있다. 그 ESL 클럽에 관한 정보는 주로 지인을 통해서 듣거나 "Kijiji" 사이트를 통해서 알 수 있다. 구글에서 "Free ESL in 자신의 지역"이라고 입력한 후 검색을 통해 운 좋게 발견할 수도 있다. 개인이 운영하는 소규모 ESL 클럽이라서 수업은 일주일에 한 번 정도가 전부이고 영어를 아예 못하는 사람부터 잘하는 사람까지 실력이 천차만별이다. 게다가 거의 친목 위주지만 도움이 안 되는 것은 아니다. 따라서 시간적 여유가 있고 가깝다면 지역 내 무료 ESL 클럽

에 참여하는 것도 좋다. 대부분 자유로운 대화 형식으로 진행해서 재미있게 영어 회화를 공부할 수 있고 지역 내 인맥을 형성할 수 있다.

도서관 무료 ESL 수업 찾아보기 대부분의 공립도서관이 작은 ESL 수업을 운영하고 있다. 도서관에서 진행하는 대부분의 수업은 거의 일주일에 한 두 번 정도 이루어지며 회화나 발음 위주로 가르치기 때문에, 영어학원을 다니면서 좀 더 보충이 필요할 때나 일을 해서 영어학원을 다닐 시간이 없을 때 도서관의 수업을 듣는 것을 추천한다. 공립도서관에서 운영하고 있는 ESL 수업에 관한 정보는 도서관을 직접 찾아가서 문의하는 편이 빠르며 도서관 사이트에서도 찾아볼 수 있다. 지역 내 도서관 사이트를 찾기 위해서는 구글에서 "자신의 지역 Public Library"라고 입력하면 바로 검색할 수 있다.

일하지 않고 워킹홀리데이 비자로 영어 공부하기

워킹홀리데이 비자가 학생비자보다 좋은 점

워킹홀리데이 비자가 학생비자보다 캐나다에서 더 자유롭게 공부 할 수 있는 여건을 만들어 준다. 학생비자는 캐나다에 가기 전 유학원 등을 통해 학원을 미리 정해야한다. 최소 3개월 정도 등록을 해야 하기 때문에 중간에 맘에 들지 않을 경우 바꾸기 어렵고 100% 환불을 받을 수 없다. 또한 3개월 정도 어학원을 등록 하였을 때, 체류기간이 5개월 정도로 짧게 나오기 때문에 학원을 옮기거나 관광을 하는 등의 여유가 없고 연장을 해야 하는 불편함이 있다. 하지만 워킹홀리데이 비자는 1년 동안 무료 어학원이든 유료 어학원이든 자신이 직접 가서 상담을 받아보고, 가능하다면 1회 무료 수업을 들어보고 결정할 수 있다. 또한 학업에 지치고 여행을 하고 싶을 때는 중간에 자유롭게 여행을 할 수 있다. 비록 워킹홀리데이 비자는 '6개월'로 공부할 수 있는 기간에 제한을 두고 있지만 대부분의 사립 어학원이 신경 쓰지 않으며 6개월 공부했다는 사실을 알리지 않고 학원을 옮긴다면 1년 내내 공부만 할 수도 있다.

저렴한 원어민 영어 과외

학교를 다니는 것만이 영어를 배우는 최선의 방법일까? 물론 좋은 방법이지만 일과 병행하기에는 부담스러울 수도 있고, 개인적으로 더 지도를 받고 싶을 수도 있다. 이럴 때, 이용할 수 있는 좋은 방법, 아니 사실 캐나다에 가면 꼭! 이용해야 할 '기회'가 있다. 바로, '저렴한 원어민 영어 과외'이다. 캐나다에서 영어 과외 선생님을 구하는 것을 가장 추천하고 싶다. 영어교실에서 수업을 받으면 단체로 하는 공부라서 개인적으로 질문하고 싶은 것을 못하거나 영어를 직접 쓸 수 있는 시간이 부족할 때, 또는 일을 해서 학교에 다닐 시간적 여유가 없거나 학교에 다닐 금전적 여유가 없을 때 저렴하게 영어 과외 선생님을 구할 수 있다. 영어 과외 선생님을 잘 만난다면 영어는 빨리 늘어난다. 나는 정말 좋은 선생님들을 만났다. 두 명의 선생님으로부터 배웠는데, 두 분 모두 연륜 있는 선생님이었다. 연륜 있고 경력 있는 전문 과외선생님이 보편적으로 잘 가르치고 대학생은 조금 책임감이 없다는 평이 있다. 영어 과외비는 대략 한 시간당 20~35CAD 수준이다.

영어 과외를 구하는 세 가지 방법

소개를 받는 방법 PEI에 있을 때, 나는 대만 친구의 소개를 받아 영어 과외 선생님을 구했다. 선생님은 60대였는데 과외 경력이 정말 풍부하셔서 내가 처음에 영어를 거의 할 수 없음에도 불구하고 항상 참을성 있게 들은 후, 영어를 고쳐주었다. 또한, 가르치는데 노련하여 나에게 여러 가지 다양한 활동을 시켰다. 예를 들면 내가 이메일을 보낼 때마다 답장과 함께 내가 쓴 이메일을 고쳐서 보내주었다. 또한 잡지책을 놓고 나에게 기사를 읽고 영어로 설명하게 하고 신문, 소설책, 일상 등 다양한 소재를 이용하여 영어를 즐겁게 가르쳐주었다. 친구의 소개를 받아 과외를 구했을 때의 장점은 가르침이나 거래에 대한 신뢰일 것이다. 주위에 혹시 과외를 받고 있는 사람이 있다면 적극적으로 물어보고, 상황이 괜찮다면 친구를 통해 과외를 구하자.

학교 영어 선생님에게 과외를 부탁하는 방법 나는 해밀턴에 있을 때, St. Charles Adult 학교의 토플 수업을 무료로 수강하고 있었다. 나는 토플반 담당 선생님 중 한 분의 교육방식이 너무 마음에 들었다. 그 선생님은 캐나다의 유명 대학과 대학원을 나온 인재였다. 나는 그 선생님에게 과외를 요청하였다. 선생님은 고심 끝에 상사와 상의한 후 내 제안을 받아들였다. 나중엔 정말 친해져 거의 공짜로 가르쳐주다시피 하고 크리스마스나 추수감사절 같은 기념일의 가족식사에 초대해줘서 선생님과도 친구가 되고 선생님의 아이들과도 친구가 되었다. 학교 선생님에게 과외를 부탁하면 선생님의 실력은 이미 검증 되었다는 장점이 있다. 그러므로 선생님을 믿고 따를 수 있다. 다만, 학교마다 규칙이 다르기 때문에 선생님이 따로 과외를 할 수 없을 수도 있다. 하지만 친분이 있는 경우에는 일이 쉽게 진행되기도 한다. 일단 마음에 드는 선생님이 있다면 친분을 미리 쌓아 두는 것도 나쁘지 않다.

웹사이트를 이용해 영어 선생님을 구하는 방법 웹사이트로 영어 선생님을 구해본 적은 있지만 학교 선생님이 내 제안을 받아들이는 바람에 실제로 과외를 받지는 않았다. 하지만 학교 선생님이 내 제안을 생각하는 동안 나름대로 많은 조사를 해서 웹사이트를 엄선했고, 심지어 웹사이트로 찾은 선생님들과 통화도 하면서 스케줄까지 조정했다. 세 번째 방법은 첫 번째와 두 번째를 쓸 수 없을 때 추천한다.

일단, 영어 과외 선생님을 구할 수 있는 사이트는 다음과 같다.

* www.findatutor.ca

* kijiji

* http://www.tutorindex.ca/find-an-english-tutor.html

* www.tutorsincanada.com

영어 공부에 도움이 되는 웹사이트 소개

학교에서 공부하는 양이 부족하거나 특별히 보충하고 싶은 부분이 있을 때 이용할 수 있는 영어 공부 사이트를 읽기, 쓰기, 듣기, 문법으로 정리해보았다.

읽기

* 타임 매거진 www.time.com

타임 매거진의 기사를 읽을 수 있다. 난이도는 매우 어려운 편이다.

* English Online www.english-online.at

영어로 된 쉬운 토픽을 다루고 있다. 토픽 종류가 많아서 읽을거리가 풍부하고 난이도가 쉬운 편이라 읽는 데 큰 부담이 없다.

* short storeis http://www.englishclub.com/reading/short-stories.htm

영어로 된 짧은 이야기가 있는 사이트로 이야기 아래에는 그와 관련된 단어 퀴즈와 이해도 퀴즈 링크 등이 있어 영어 공부에 좋다.

* Famous Poets and Poems www.famouspoetsandpoems.com

유명한 영문 시를 접할 수 있는 사이트이다.

듣기

* English Listening Lab www.esl-lab.com

Easy, Medium, Difficult로 수준별 학습이 가능하고 다양한 주제에 관한 듣기 퀴즈를 제공한다. 영어 듣기 실력을 효과적으로 높일 수 있다.

* www.elllo.org

다양한 듣기 자료로 가득 차 있다. 듣기 자료와 함께 대본도 같이 찾을 수 있어 좋다.

* http://www.real-english.com/new-lessons.asp

실제로 사용하는 영어 표현과 그에 대한 듣기 실력을 향상시키기 위해 만든 사이트로 실제 리포터가 돌아다니면서 일반 원어민에게 여러 가지 다양한 질문을 하여 그들이 쓰는 표현을 들려준다. 또한 자막도 제공한다. 영어 원어민이 실제로 사용하는 표현을 접하면서 공부할 수 있고 리포터가 물어보는 질문도 매우 흥미롭기 때문에 재미있게 영어 듣기 공부를 할 수 있다.

* TED www.ted.com

세계적으로 유명한 연사들이 자신의 아이디어에 관해 강연하는 것을 모아둔 사이트로 디자인도 깔끔해서 영상을 보기 쉽다. 비디오 아래 subtitle에서 english로 선정하면 영어자막을 볼 수 있다. 유명 연사의 아이디어가 인생에 도움을 주는 것은 물론 그들이 연설하는 것을 보고 공식적인 영어 말하기에 대해서도 배울 수 있다.

* Academic Earth http://www.academicearth.org/universities

MIT, 하바드, 예일 등 세계 명문 대학의 공개 강의 사이트로 학문적 영어 듣기공부에 좋고 개인 공부에도 역시 유용한 사이트이다.

* Daily ESL Dictation http://www.youtube.com/user/dailydictation

문법

* Using English http://www.usingenglish.com/quizzes

영어 문법 문제가 총망라되어있다. 자신이 부족한 문법 파트의 문제를 풀면서 실력을 향상시킬 수 있다.

* ESL About http://esl.about.com/library/quiz/blgrammarquiz.htm

영어 문법 문제가 주제별로 정리되어있다.

* Edu Find http://www.edufind.com/english/grammar/grammar_topics.php

영어 문법 설명이 영어로 되어있는 사이트 중 제일 깔끔하고 알기 쉽게 만들어진 좋은 사이트이다.

* http://ko.forvo.com

발음이 궁금한 단어를 입력하면 실제 현지인의 발음을 녹음한 자료를 들으면서 공부할 수 있다.

* 영어공부 잼있게 하자!~ Coach Shane

http://www.youtube.com/user/successenglish

*스피Queen 효쌤의 English Expression

http://www.youtube.com/user/HyoSaja

facebook 활용해서 영어 공부하기

　페이스북을 통해 얻을 수 있는 장점은 친구끼리 일상적으로 쓰는 영어를 쉽게 접할 수 있다는 것과 작문 실력을 키울 수 있다는 점이다. 영어로 채팅, 댓글쓰기, 페이스북 페이지에 쓰기 등을 하면서 자연스레 영어 작문의 순발력을 키울 수 있다. 또한 영어 공부뿐만 아니라 세계 여러 나라의 친구들과 우정을 더욱 돈독히 할 수 있다는 점에서 페이스북은 해외 생활에 있어 중요한 도구이다.

　서구의 젊은이라면 페이스북 계정이 없는 사람이 거의 없어서 페이스북 개설과 관리는 해외 생활에 있어 필수적이다. 페이스북에는 위에서 설명한 기능보다 더 다양한 기능이 있지만 사용법은 직접 사용해 보면 쉽게 이해할 수 있으니 생략하겠다.

YouTube를 이용해서 영어 공부하기

영어교육을 위해 제작된 유튜브 채널

영어교육을 위해 제작된 유튜브 채널은 수도 없이 많다. 그 중에서 정말 좋은 유튜브 채널을 고르는 것은 힘들다. 나도 많은 유튜브 채널을 시도해보았다. 아래의 목록은 캐나다에서 영어공부를 하는 동안 실제로 많은 도움을 받았던 유튜브 채널 목록이다.

* BBC가 영어교육을 위해 만든 유튜브 채널

http://www.youtube.com/user/bbclearningenglish

발음강좌, 재미있게 배우는 숙어강좌, 이야기로 배우는 영어강좌 등이 있다. 재미있게 배우는 숙어강좌는 선생님이 너무 재미있게 가르쳐서 한 번 보면 잊기 어렵다. 예를 들면, It's as easy as pie그것은 너무 쉽다라는 숙어를 가르칠 때, 진짜 파이를 먹고 트림하면서 가르친다. Pie-eyed완전히 취한를 가르칠 때는 정말 눈에다가 파이를 붙이기도 한다. 꽤 바보 같지만 재밌게 영어공부를 할 수 있다. 이야기를 통해 배우는 영어강좌를 애니메이션으로 제작하여 보기 편하고 재미있다.

* English with Jennifer 유튜브 채널

http://www.youtube.com/user/JenniferESL

영어교육 유튜브 채널 중에서는 정말 유명한 채널 중에 하나이다. 숙어,

단어, 회화표현, 발음 등을 제니퍼가 쉽고 재미있게 알려준다. 마치 자신의 아이에게 말을 가르치듯이 꼼꼼하게 가르쳐준다. 제니퍼의 영어강의 동영상의 특징은 반복 기능을 추가한 것이다. 강의를 끝내고 학생들이 자신의 학습평가를 스스로 할 수 있게 미니 퀴즈 등이 강의 뒤에 따라온다.

* Daily English Show

http://www.youtube.com/user/thedailyenglishshow

뉴질랜드 여성이 제작한 비디오로 뉴질랜드 억양이 이색적이다. 다른 유튜브 채널에 비해 조금 수준이 높고 뉴질랜드 억양이 낯설어 처음에는 잘 못 알아들을 수도 있지만 낯선 억양이 주는 재미도 느낄 수 있다.

* English Meeting

http://www.youtube.com/user/EnglishMeeting

발음을 집중적으로 다룬 강의가 많다. 또한, 발음을 정말 재미있게 가르친다. 예를 들면 뉴스를 보도하는 것처럼 강의를 진행한다. 하지만 이 뉴스는 9시 뉴스 형식이 아니라 인기 개그 프로그램의 뉴스 형식이다. 발음에 문제가 있다고 생각한다면 이 채널을 방문하는 것을 추천한다.

* Business English Vocabulary

http://www.youtube.com/user/bizpod

경제생활에 필요한 단어나 인터넷 기술에 관한 단어, 법과 관련된 단어 등 고급 영어단어를 배울 수 있다. 회화나 기본 영어에는 자신 있지만 TIMES만 보면 하나도 모르겠고 뉴스에서 무슨 말을 하는지 몰라서 영어 앞에만 서면 자심감을 잃는 사람에게 권하고 싶은 채널이다. 나 또한 영어실력이 중간 지점을 지나면서부터 기본적인 대화는 거의 다 알아듣고 내 의견 정도는 쉬운 영어로 표현할 수 있었는데, 뉴스를 듣거나 신문을 읽기엔 영어가 부족해서 조금 속상했던 적이 있었다. 그때 이 사이트를 통해 많은 도움을 얻었다. 고급 단어뿐만 아니라 공식적으로 글쓰는 방법도 가르쳐준다.

* Learn American English

http://www.youtube.com/user/learnamericanenglish

수준은 중상 정도로 내용이 쉬워 아는 내용이 꽤 있을 수도 있다. 하지만 이미 아는 것도 영어로 들으면 듣기 실력을 높일 수 있다. 낮은 수준부터 높은 수준까지 주로 외국인 학생이 모르는 부분까지 잘 다루고 있어 자신의 수준에 맞춰 아는 것은 넘기고 모르는 것만 쏙쏙 들으며 공부하면 된다. 강의 목록이 다른 유튜브 채널에 비해 많은 것도 역시 장점 중에 하나이다.

* Private English Portal

http://www.youtube.com/user/PrivateEnglishPortal

다루는 내용의 수준은 중하 정도이며 원어민이 강의하고 강의대본을 아래에 자막으로 제공하고 있어 들리지 않는 단어가 있다면 자막을 통해 찾을 수 있다. 영어 문법 공부에도 도움을 주는 사이트지만 영어대본이 자막으로 제공되서 영어 듣기 실력을 향상시키는 데도 좋은 채널이다.

꼭 영어 채널만 봐야 되나? 그 밖의 유튜브 이용 Tip

관심사에 따른 유튜브 채널 선정 영어공부에 매우 지쳤을 때, 이용했던 방법은 내가 좋아하는 것들을 영어로 설명하는 유투브 채널 시청이었다. 나의 관심사는 코미디와 화장하는 방법이었다. 유튜브 홈페이지에서 카테고리로 들어가면 주제에 맞게 채널이 분류되어 있다. 유튜브 채널에서 국가 설정을 캐나다로 하고 언어선택을 영어로 하면 캐나다인을 위한 채널 목록이 나온다. 캐나다에서 친구들이 파티를 열면 서로 재미있는 유튜브 채널을 보여주기도 한다. 영어로 유튜브 채널을 이용하는 것은 영어에 대한 애정도 키우고 캐나다 문화에 대한 이해도도 높일 수 있는 방법이다.

노래를 통해서 공부하는 방법　캐나다에 있을 때는 거의 팝송만 들었다. 팝송의 가사는 멜로디와 함께 기억 속에 오래남고 전혀 지루하지 않아서 영어 공부하기 싫증났을 때나 길을 걸을 때, 산책할 때 팝송을 듣는 것이 영어 듣기에 도움이 되었던 것 같다. 유투브 채널을 이용하여 팝송을 들으면서 영어공부를 할 수 있는 방법은 뮤직 비디오를 보기보다 스크린에 가사가 있는 동영상을 보는 것이다. 예를 들면 내가 레이디 가가의 "Born this way"를 들을 때 가사가 스크린에 떠있는 동영상을 찾으려면 검색창에 "Born this way lyrics"라고 입력하면 된다. 가사를 스크린으로 보면서 팝송을 듣다가 모르는 단어가 나오면 가사의 뜻이 알고 싶어져서 자발적으로 사전을 찾는 자신을 발견할 수 있을 것이다.

지역 동아리에 가입하여
영어 공부하기

지역 동아리를 만들다

지역에 있는 동아리를 이용하는 방법은 기존의 동아리에 참여하는 방법과 자신이 직접 동아리를 만드는 방법이 있다. PEI에 있을 때 나는 영어교환 동아리를 만들었다. 영어 교환 동아리의 이름은 "Language and Culture Exchange Club in Charlottetown"이었다. 무료 광고 사이트인 kijiji를 이용해서 홍보하고 페이스북 페이지도 개설하였다. 예상외로 많은 사람이 관심을 보여줬다. PEI에서 친해진 Justin을 만나게 된 계기도 바로 이 동아리였다. 현지인부터 중동, 중국, 일본에서 온 많은 친구들을 만날 수 있었다. 처음에는 매주 일요일에 동네 도서관에 가서 서로의 문화에 관해 공부했다. 시간이 지날수록 음식 만들기와 놀러 다니기 동아리로 변모했지만 나는 그 동아리를 통해 추억을 얻고, 영어를 배웠고, 친구를 사겼다.

이 동아리에서 만난 친구들은 모두 소중하지만 내게 더 특별한 두 명이 있다면 한명은 Ping Wen Hsu이고, 또 다른 한 명은 Justin이다. Ping Wen Hsu의 영어 이름은 Mark지만 나는 그를 Ping이라고 불렀다. Ping은 대만에서 온 친구로 내가 해밀턴으로 이주하는 데 큰 도움을 준 친구이다. Justin은 현지인으로 내가 PEI를 떠날 때까지 나에게 무료로 영어 과외를 해주기도 하고 PEI의 자동차극장, 해변 등 여러 곳을 소개해준 친구이다. 특히, Justin이 자신의 집에서 땔감을 훔쳐서 해변에서 캠프파이어를 열어주었던 기억은 지금도 잊을 수가 없다.

이렇게 자신이 직접 동아리를 운영할 수도 있다. 하지만 이때 동아리의 이벤트를 기획하고 그 이벤트를 홍보하고 동아리 회원을 모집하는 것을 직접 해야 하므로 매우 귀찮고 힘들 수 있다. 그렇다면 지역 내 동아리에 가입하는 방법은 무엇일까?

지역 내 동아리에 가입하는 방법

kijiji 사이트 이용 kijiji 사이트를 이용해 동아리에 가입하는 방법은 다음과 같다. 일단, 구글에서 kijiji를 입력하면 자신의 지역 kijiji 사이트로 자동으로 접속된다. 사이트에 들어가면 여러 가지 카테고리가 있다. 그 카테고리 중 community 카테고리에 보면 activities, group이 있다. 이 버튼을 클릭하면 여러 가지 동아리나 지역 내 활동이 올라와 있는 것을 볼 수 있다. 그 중에서 가장 맘에 드는 것을 선택하여 읽어보고 참가의사를 보내면 된다. 옆에 Poster Contact Information이라는 창이 있다. 그 창을 통해 활동이나 동아리 소개를 올린 사람에게 이메일을 보낼 수 있다. 이렇게 이메일을 통해 연락하여 동아리에 참여할 수 있다. 간혹 글을 올린 사람이 전화번호를 남겨놓는 경우도 있기 때문에 간단한 연락을 통해 참여할 수도 있다.

community에서 무언가를 배우는 수업을 듣고 싶을 때는 classes, lessons를 클릭해서 원하는 수업을 찾으면 된다.

Meet up 사이트 이용 앞서 한국에서 영어를 배우는 방법에서 소개할 때 언급한 Meet up 사이트를 이용할 수도 있다. 구글에서 Canada Meet up이라고 치면 캐나다의 Meet up 사이트로 접속된다. 자신의 지역으로 접속하여 지역의 활동이나 동아리 광고 중 마음에 드는 것을 선택하여 will you attend?참여할 것입니까?라고 참여 의사를 묻는 창의 join us 버튼을 눌러서 참여의사를 표시하면 된다. Meet up 사이트의 경우 참여 방법시간, 장소 등이 같이 게시되어 있어서 잘 읽고 참여하면 된다.

자원봉사하며 영어 공부하기

자원봉사는 스펙?

자원봉사 기회를 잘 활용하면 나중에 한국에서도 인정되는 하나의 경력이 되는 것은 물론 아직 영어를 써서 일할 용기가 나지 않을 때, 자원봉사가 영어권 사회로 통하는 징검다리 역할을 해줄 수 있다. 하지만, 자원봉사를 구할 때 잘 생각해 볼 필요가 있다. 자신의 목적에 맞게 자원봉사를 하는 것이 좋다고 생각한다. 무턱대고 자원봉사를 했다가는 시간 낭비, 돈 낭비, 체력 낭비를 할 수 있다. 나는 솔직히 그저 영어에 도움이 될까 하는 바람으로 지역 아동센터에 자원봉사자로 참여했다. 아이들과 축구, 농구, 술래잡기 등을 하면서 매일 체력을 다 소진하는 바람에 한 달 가량 하고 그만 두었다. 영어를 배우려면 ESL 수업이 그 어떤 봉사활동보다 도움이 된다고 생각한다. 경력을 쌓으려면 자신이 종사하고 싶은 직종과 가장 가까운 혹은 도움이 되는 봉사활동을 찾아서 해야 한다. 영어에 도움이 되겠거니, 나중에 스펙이 되겠지 하여 무턱대고 자원봉사를 했다간 실망할 일이 많을 것이다.

지역 자원봉사 단체에 가입하기

지역사회에서 자원봉사를 구하는 방법은 여러 가지이다. kijiji의 volunteer란에서 통해서 구해도 되고, 캐나다 공식 전국 자원봉사 사이트인 www.volunteer.ca에서 I want volunteer 버튼을 클릭하고 자원봉사를 희망하는 지역을 선택하면 자신의 지역에 자원봉사 센터 사이트를 검색할 수 있다. 세부적으로 어떤 봉사활동의 기회가 있는지 찾고 싶다면 지역별 자원봉사 센터 홈페이지에서 검색하면 된다. 그 센터들은 지역별 공식 봉사단체라서 믿을만하고 지역의 봉사활동 소식을 대부분 게시하고 있어서 한눈에 원하는 정보를 얻을 수 있다.

축제 자원봉사하기

대부분의 축제는 자원봉사자를 모집한다. 축제 자원봉사는 즐겁게 축제에 참여하는 방법이다. 또한, 여러 사람과 어울릴 수 있는 기회이다. 될 수 있으면 즐겁고 유명하고 규모도 큰 축제에 참가해야 그만큼 경력에 도움이 되고 기억에도 남는다.

축제 자원봉사 신청에 관련된 정보는 각 홈페이지를 통해 확인할 수 있다.

캐나다 BEST 5 페스티벌 캐나다는 축제가 많이 열린다. 그 중에서 유명한 축제는 다음과 같다.

① Vancouver Symphony of Fire (Celebration of Light)

불꽃놀이 대회로 캐나다에서는 매년 밴쿠버에서 개최한다. 3~5개의 나라들이 참여하여 자국 도시에서 불꽃놀이 경쟁을 한다. 캐나다는 2007, 2008년에 우승했다. 2011년에는 중국이 우승했다. 개최시기는 여름으로 7월말 혹은 8월초이다. www.vancouverfireworks.ca

② The Calgary Stampede

캘거리에서 매년 7월에 개최하는 로데오 축제이다. 세계에서 가장 큰 로데오 축제 중 하나로 10일 동안 진행한다. 로데오를 비롯해 콘서트, 행사, 마차 경주, 퍼레이드 등 볼거리가 다양하다. www.calgarystampede.com

③ Edmonton Folk Music Festival

애드먼튼에서 8월 둘째 주 주말에 열린다. 4일 동안 열리는 이 페스티벌에서는 포크 송 뿐만 아니라 다양한 장르의 음악들이 연주된다. K.D. Lang, Joni Mitchell, Stan Rogers, Norah Jones 등 유명가수들이 이 축제에서 공연하였다. 티켓 값을 내리기 위하여 자원봉사요원을 많이 모집하는 행사로 유명하기도 하다. 자원봉사를 하면서 축제 공연을 볼 수 있다.

www.edmontonfolkfest.org

④ Toronto International Film Festival

토론토에서 열리는 국제적인 영화 축제이다. 토론토에서 9월 첫째 주 목요일 저녁에 개최하며 약 10일 동안 진행된다. 중심 거리에 23개의 스크린이 설치되고 300~400여 개의 영화를 상영한다. 영화 상영작과 시간에 관한 정보는 홈페이지를 통해 얻을 수 있다.

www.torontointernationalfilmfestival.ca

⑤ Winterlude

오타와에서 1월 말 혹은 2월 초에 열리는 겨울 축제이다. 1979년부터 시작된 이 축제는 수많은 관광객을 모으는 것으로 신기록을 세울 정도로 유명한 축제 중의 하나이다. 축제에는 다양한 콘서트, 얼음조각 대회, 스케이트 전시 및 스케이트 체험, 얼음으로만 이루어져있는 공간인 ice lounge, 퍼포먼스 등 다양한 이벤트가 있다.

http://www.canadascapital.gc.ca/winterlude

기타 페스티벌 관련 홈페이지
* 툴립 축제: www.tulipfestival.ca
* 캐나디안 뮤직 축제: www.canadianmusicfest.com
* 캐나디안 맥주 축제: www.gcbf.com
* 몬트리올 재즈 축제: www.montrealjazzfest.com
* 퀘벡의 겨울 카니발: www.carnaval.qc.ca
* 프라이드 축제(성적 소수자들을 위한 페스티벌)
  www.pridetoronto.com(토론토)
  www.vancouverpride.ca(밴쿠버)

지역도서관 활용해서 영어 공부하기

　지역도서관에 있는 모든 자료를 이용해 공부할 수 있다. 심지어 만화까지도! 나는 도서관에서 "나루토" 만화를 보고 매우 놀랐다. 만화를 좋아하는 사람이라면 알법한 만화책들이 영어판으로 꽂혀 있다. 또한 "배트맨" 등 우리가 익히 아는 유명 만화도 볼 수 있어서 영어 공부하기 싫고 알파벳 문자만 봐도 넌덜머리 난다 하는 날에 나는 자주 도서관을 들락날락하며 만화책 몇 권을 빌려 보았다. 도서관에서 만화책뿐만 아니라 DVD도 열람할 수 있기 때문에 DVD 또한 빌려 보는 재미가 쏠쏠하다. DVD에 자체적으로 영어자막이 내장되어 있어서 시청할 때 설정만 해주면 영어자막을 보면서 DVD 시청을 할 수 있다. 도서관에서 흥미로운 자료를 활용해서 공부하면 영어에 관한 흥미와 친화력을 높일 수 있을 것이다.

TV 보면서 영어 공부하기

TV나 영화를 무료로 볼 수 있는 방법

집에서 TV를 보자! TV가 없다고?! 문제될 것 없다. 인터넷으로 무료로 볼 수 있는 방법이 있다. 유튜브를 이용하여 볼 수도 있고 방송국 홈페이지에서 온라인으로 보거나 혹은 다운 받아서 볼 수도 있다. TV나 영화 등을 무료로 보거나 다운 받을 수 있는 사이트는 다음과 같다.

* www.documentaryheaven.com   이 사이트를 이용해 다큐멘터리 영화를 온라인으로 볼 수 있다. 다큐멘터리라고 해서 지루할 것이라고 생각하겠지만, 마약 사용의 해악함이나 악명 높은 연쇄 살인범의 이야기 등 매우 흥미로운 주제들을 다루고 있는 프로그램도 많다.

* www.bittorrent.com   TV쇼와 영화 P2P 사이트로 원하는 자료를 검색하여 다운 받을 수 있다. 미국에서 운영하는 회사가 만든 사이트라서 미국, 캐나다 TV쇼나 영화 등의 자료가 풍부해서 웬만한 TV 자료는 여기서 다운받을 수 있으며 한국에서도 사용가능하다.

* http://shows.ctv.ca/video.aspx   캐나다에서 가장 큰 민영 방송인 CTV의 TV쇼를 온라인으로 볼 수 있는 사이트로 한국에서는 접속이 어렵다.

* www.globaltv.com   TV 쇼를 온라인으로 볼 수 있는 사이트로 한국에서는 접속이 어렵지만 캐나다에서는 접속할 수 있다.

* www.discoverychannel.ca   디스커버리 관련 채널 등을 온라인으로

볼 수 있다.

 * http://www.family.ca/video   캐나다 청소년 드라마를 온라인으로
볼 수 있다. 한국에서는 볼 수 없다.

유명한 프로그램

처음 캐나다에 도착해서 무슨 프로그램을 봐야하는지 몰라서 그냥 멍하
니 앉아서 요리채널이나 광고를 본적이 있었다. 무엇을 보는가는 개인의 선
택이지만 기본 가이드라인 제시를 위해 몇 가지를 소개하면 다음과 같다.

Criminal Minds   2005년 9월 22일부터 미국 CBS를 통해 방영하고 있
는 미국의 범죄 수사물 드라마로 연쇄 살인범을 잡는 미 연방 수사국F.B.I
행동분석팀Behavior Analysis Unit의 프로파일러 이야기를 다루고 있다. 연
쇄 살인범이 남긴 증거를 단서로 범인을 잡는 기존의 FBI 시리즈와 다르
게 연쇄 살인범의 심리를 파악해서 사건을 해결하여 보다 흥미진진하다.
또한, 영화처럼 잘 구성되어 있다.

Glee   미국의 뮤지컬 코미디 드라마 프로그램으로, 현재 미국 방송사
FOX에서 방영하고 있다. Glee는 오하이오 주 라이마에 있는 가상의 고등
학교인 윌리엄 맥킨리 고등학교의 글리클럽 "뉴 디렉션스"를 중심으로 한
이야기이다. Glee는 십대나 이십대 여자들 사이에서 매우 유명한 TV 프
로그램이다. Glee에서는 유명 가수의 노래를 많이 리메이크해서 귀에 익
은 노래인데도 색다른 매력을 느낄 수 있다.

Family Guy   1999년에 처음 시작한 FOX방송의 세스 맥팔레인Seth
MacFarlane이 만든 미국의 애니메이션 텔레비전 시리즈이다. 이 시리즈는

부모인 그리핀과 로이스, 그들의 자식인 멕, 크리스, 스튜이, 또 의인화한 애완용 강아지 브라이언으로 이루어진 가족을 중심으로 한 이야기이다. 많은 사람들 특히, 20대의 젊은층이 Family Guy에 열광한다. Family Guy 는 애니메이션인데 왜 사람들이 열광하는지 처음에는 의문이었지만 나중에는 나도 빠져들었다. 성인용 애니메이션이기 때문에 야한 장면과 잔인한 장면이 가끔 나온다.

Family Guy에 열광한다. Family Guy

South Park 미국의 텔레비전 코미디 프로그램으로, 애니메이션으로 제작된 것이 특징이다. 맷 스톤과 트레이 파커가 제작, 각본, 성우를 맡고 있다. 1997년부터 코미디 센트럴을 통해 방송되었으며, 피버디상과 에미상을 수상하였다. South Park 역시 성인용 애니메이션으로 야한 장면과 잔인한 장면이 등장하는데 그 정도가 Family Guy를 능가한다. 아이들이 주인공으로 나오는데 전혀 순수하지 않은 아이들이 나온다. 정치나 여러 가지 사회 이슈에 관한 풍자를 많이 한다.

Ellen Show 미국 유명 토크쇼로 엘렌 드제네레스Ellen Degeneres가 쇼 호스트를 맡고 있다. 엘렌은 코미디 배우 출신이자 성소수자로 커밍아웃을 한 후 오랜 기간 동안 방송에 출연하지 못하다가 현재 진행 중인 토크쇼를 맡아 다년간 에미상을 수상하였으며 미국에서 사람들이 가장 좋아하는 쇼 호스트로도 역시 다년간 뽑혔다. 그녀의 쇼는 재미있을 뿐만 아니라 영어가 빠르지 않고 속어 사용이 적어서 시청하면 영어 공부에 도움이 될 것이다.

영어공부를 위해서 '절대 하면 안 되는 것!'

메신저

나는 한국에 있을 때부터 항상 메신저에 접속한 상태로 지내서 그것이 너무 몸에 배어 얼마나 영어공부에 해로운지조차도 알지 못했다. 메신저는 그만큼 생활의 일부분이었다. 컴퓨터를 키면 자동으로 로그인까지 되기 때문에 더욱 심각했다. 캐나다생활 초기에 너무 힘들어서 메신저의 친구들과 밤새 수다를 떨기도 했다. 친구들도 나의 캐나다생활이 궁금한지 쪽지를 평소보다 자주 보냈고, 나 역시 외로워서 초기에 많은 시간을 방 안에서 메신저를 하면서 보냈다. 메신저를 하면 영어도 늘지 않을 뿐만 아니라 시차 때문에 주로 밤에 친구들과 대화를 나누므로 이야기가 길어지면 밤을 지새워 다음날 생활에 지장을 받는다. 또한, 친구들이 더 그리워져서 향수병만 만든다는 것을 깨달았다. 그래서 메신저를 지우고 깔기를 반복하다 결국에는 최후의 수단으로 메신저를 탈퇴했다. 그 후 한국어 사용이 눈에 띄게 준 것은 물론이고, 캐나다생활에 좀 더 현실성과 책임감을 가지고 임할 수 있었다.

이메일, 전화를 이용한 한국친구와의 잦은 교류

나는 인터넷 전화기를 가지고 가지 않은 덕분에 비싼 국제 요금을 물어가며 친구와 국제 문자나 전화를 하는 일은 없었다. 그대신 이메일을 통해 친구들과 교류했다. 메신저를 통해 교류하는 것보다 이메일로 친구들과 교류하면 훨씬 한국어 사용을 줄일 수 있어 좋지만 메일을 매일 체크하는 것은 좋지 않다. 친구들과 사용하는 메일계정 말고 수시로 사용할 계정을 하나 더 만들어 친구들과 연락을 주고 받는 메일계정은 3일에 한 번이나 5일에 한 번 정확히 날짜를 정해서 들어가는 것이 좋다. 비인간적으로 보일 수도 있지만, 친구들은 1년 뒤에 만나서 실컷 그간의 회포를 풀 수 있다. 그러나 당신이 워킹홀리데이 비자를 통해 영어를 배우는 데 주어진 시간은 1년이다. 또한 3일이나 5일 동안 연락을 하지 않아서 친구 관계가 끊어진 경우가 있느냐에 대한 내 대답은 Not at all전혀! 진정한 친구라면 당신의 사정을 이해할 것이라고 믿는다.

블로그나 개인 홈페이지

캐나다생활을 하다보면 한국 블로그나 개인 홈페이지를 통해 한국에 있는 친구와 사람에게 자신의 캐나다 생활을 자랑하고 싶은 유혹이 마구 용솟음 칠 때가 있다. 나 같은 경우도 홈페이지에 캐나다 사진을 올릴까 말까하면서 고민했던 적이 있다. 하지만 이런 것 또한 역시 영어에 전혀 도움이 안 되며 사람들의 댓글에 또 댓글을 달고 올릴 사진을 정리하느라 시간 낭비만 하기 쉽다. 자기 자신을 표현하고자 하는 욕구는 인간의 본능이라고 생각한다. 그럴 때는 그 본능을 억누르기보다 페이스북 이용하기를 추천한다.

한국 포털 사이트

캐나다생활 초기에 나의 영어생활에 발목을 잡았던 것들 중 메신저와 더불어 양대 산맥을 이룬 것이 바로 이 한국 포털 사이트이다. 컴퓨터 홈페이지 설정이 한국 포털 사이트로 되어 있어서 인터넷에 접속하자마자 한국 포털 사이트가 화면에 떴다. 한국 포털 사이트는 이목을 끄는 뉴스들이 많아서 나도 자연스럽게 항상 한국 뉴스를 접하다 보니 나중에는 내가 한국에 있는 사람들 보다 한국 사정에 더 밝게 되는 어처구니없는 일이 생겼다. 결국 나는 홈페이지를 캐나다 구글www.google.ca로 바꿔 버리고 한국 사이트는 아예 들어가지 않겠노라고 마음먹었다. 그러자 인터넷 정보가 필요할 때 영어로 검색하게 되고 정보를 영어로 접하게 되어 영어로 인터넷을 사용하는 것이 익숙해졌다. 게다가 캐나다 현지 정보를 구글을 통해 더 많이 접할 수 있었다.

웹툰

내가 일주일에 고정적으로 한국에서 보던 웹툰이 몇 개 있었다. 한국에서 꼬박 꼬박 챙겨보았지만 한국 포털 사이트를 들어가지 않기로 결심한 이후로는 웹툰과도 1년간 이별을 선언했다. 한국에 돌아온 날 밤부터 일주일간 뜬 눈으로 밤을 지새우며 그 동안 보지 못했던 웹툰을 보는 재미가 아주 쏠쏠했다. 웹툰은 사라지지 않는다. 완결이 나면 완결 웹툰에서 보면 되니까 걱정하지 말고 잠시 접어두는 것이 좋다. 웹툰을 보게 되면 나도 모르게 30분은 훌쩍 지나가는 것은 물론, 내가 정한 다른 원칙조차 흐물흐물 해질 수 있다. 과감하게 한국어 사용 0%를 목표로 웹툰과 일 년간의 안녕을 고하자.

캐나다는 영어를 배우기 좋은 환경이다. 하지만 어떻게 그 환경을 활용하느냐가 가장 중요하다. 위에서 많이 설명했지만 무엇보다 가장 중요한 건 '의지' 이다. 아는 길도 원어민이 지나가면 영어로 한 번도 물어보고 살 것이 없어도 가게에 가서 이것저것 물어보면서 영어를 배워라.

꼭 알아두어야 할 생활영어!

레스토랑에서

식당에 가면 종업원이 "How are you?" 등의 인사를 건네며 물과 메뉴판을 줄 것이다. 조금 후에 메뉴판을 다 본 것 같으면 "Are you ready to order?"하며 메뉴를 정했냐고 물어볼 것이다. 그때 "I'd like to have a 먹고 싶은 음식." 또는 "I'll have 먹고 싶은 음식."을 사용해서 말하면 된다. 음식 주문이 끝나면 "Would you like anything to drink?"하고 마실 것을 물어볼 것이다. 물은 공짜이고 다른 음료는 따로 돈을 내야한다. 음료수를 시킬 때는 "I'll have 음료."도 되고 "음료, please."라고 하는 것도 가능하다. 음료 시킬 때 주의해야 할 점은 몇몇 영어단어가 한국과 조금 다르기 때문에 미리 숙지해야 한다. 기본적으로 콜라는 coke이다. 사이다는 seven up이라든지 sprite 등의 제품명을 말하면 된다. 음식과 음료를 시키면 모든 주문은 끝이다. 식사 중간에 종업원이 와서 물 잔을 채워주며 식사를 잘하고 있는지 물어볼 것이다. "How's everything going?" 또는 "Everything is going well?"하고 종업원이 물으면 "Fine, thanks."로 가볍게 대답하거나 필요한 것이 있으면 말하면 된다. 예를 들어 소스가 더 필요하면 "Can I have more sauce, please?"하면 된다. 계산서를 받고 싶을 때는 "Can I have the bill?"이라고 한다. 계산은 계산대에서 하지 않고 웨이터가 대신 해준다.

　전화를 받을 때는 "Hello!"로 시작한다. 전화를 걸때는 "Hello!"라고 인사말을 건넨 후에 "This is Emily calling." 혹은 "It's Emily calling." 등으로 자신의 신원을 밝힌다. 전화 통화를 하고 싶은 사람이 아닌 다른 사람이 받았을 때는 "Can I talk to 찾는 사람?"을 쓰거나 "May I speak with 찾는 사람, please?"를 사용할 수 있는데 전자는 일상적인 표현이고 후자는 형식적인 형태라고 볼 수 있다. 자동음성 메시지를 남길 때는 자신의 신원과 수신할 번호, 전화한 이유를 함께 남기는 것이 좋다. 전화를 다시 건다고 말할 때는 "I'll call you back later."라는 말을 쓴다. 전화를 끊을 때는 항상 끝인사를 하는 것이 중요하다. 갑자기 끊으면 매우 당황할 것이다. "Bye."라든지 "Bye for now." 등의 인사가 있다.

　이메일 기본 형식은 첫 번째, 인사말Hello, How are you?로 시작한다. 두 번째는 본문이다. 캐나다인은 글을 쓸 때 문단을 나눠서 쓰는 것을 선호한다. 그리고 문단이 나눠진 글을 읽는 것을 선호한다. 따라서 메일을 보낼 때도 그냥 한 문단으로 쓰는 것이 아니라 내용에 맞게 몇 개의 문단으로 구별하는 것이 좋다. 세 번째는 끝날 때 마무리 말을 꼭 해주어야 한다. "Looking forward to hearing from you soon." "Bye for now." 등의 끝맺음 말과 마무리 인사로 "With best wishes, With best regards, Have a nice day."나 친구끼리는 편하게 "Have a nice day."로 이메일을 마무리하면 된다. 맨 마지막에는 보내는 이의 이름을 적는 것 또한 관례라고 할 수 있다.

쇼핑할 때

계산 시, 계산원에게 가면 "How are you?"하고 상냥하게 말을 걸어주는 게 기본 관례이다. 카드로 결제해도 될까요? "Can I pay by debit card 체크카드" 혹은 "Can I pay by credit card?신용카드", 저 봉지 주실래요? "Can I have a bag?", 물건을 찾을 때 "Excuse me, I'm looking for 찾는 물건. Would you help me?", 항상 무언가를 물어볼 때는 "Excuse me."를 사용한다. 그리고 고맙다는 말을 잊지 않는다.

길을 물어볼 때

길을 물어볼 때 주의 사람에게 말을 걸어야 하므로 "Excuse me."하고 일단 주의를 끌어야 한다. 물어볼 때는 형식적인 질문도 많지만 질문이 형식적일수록 발음 문제 때문에 못 알아들을 염려가 있다. 길에서 사람들에게 물어보는 것은 형식적일 필요가 없다. 그냥 "Do you know where is 가고 싶은 장소?"라고 물어보면 답을 들을 수 있을 것이다.

시간을 물어볼 때

시간을 물어볼 때 크게 두 가지 표현이 있는데 "Do you know what time is?"와 "Do you have the time?"이다. 두 번째 표현으로 길에서 누가 나에게 시간을 물어봤을 때 처음에 조금 당황했다. 한국어로 직역하면 "시간 있냐?"이므로 완전히 작업성 멘트로 인식했고 그 멘트를 날린 상대방이 여자라서 당황스러웠다. 하지만 그 사람이 내가 당황하는 것을 보고 손으로 손목을 가리켜서 시간을 묻는 것임을 그제야 알아듣고 시간을 가르쳐주었다.

What's up? 비속어라고 할 수도 없는 아주 흔한 표현이다. 난 처음에 "How are you?"와 같은 뜻인 줄 착각하고 "I'm fine."이라고 대답했다가 친구가 당황스러워해했다. "What's up?"은 무슨 일 있느냐는 인사말로 "Nothing." 또는 "Nothing much."라고 대답하는 것이 관례이다. 말 그대로 인사말이므로 무슨 일이 있었는지 세세하게 말해주면 내가 겪었던 것처럼 상대방이 황당해 할 것이다.

hommie, dude, fella 이 단어는 주로 남자들 사이에서 많이 쓴다. dude는 친구라는 의미로 남성 친구끼리 서로를 부를 때 쓰는 말이다. hommie는 매우 친한 죽마고우인 친구를 부를 때 쓰는 말이다. fella는 남성 친구를 부를 때 쓰는 말이다.

suck up suck up은 아부하다는 의미의 속어다. "She's sucking up to her boss."라고 하면 그녀는 그녀의 상사에게 아부한다는 뜻이다.

I'm stressed out 매우 스트레스 받았을 때 쓰는 말이다. 이 말은 은근히 자주 쓴다. 스트레스 받았을 때 친구에게 "I'm really stressed out today."하며 불평불만을 늘어놓을 수 있다. 특정한 것이나 사람 때문에 스트레스를 심하게 받았다면 수동태인 문장을 능동태로 바꾸어서 "My older sister열 받게 하는 사물이나 사람 stresses me out."의 형태로 쓰면 된다.

awesome, sick, cool, wicked 이 단어들은 사람이 매우 마음에 들 때 쓰는 표현이다. 예를 들면, "Oh, that is sick.cool 혹은 awesome" 이렇게 쓴다. sick이라는 단어는 아프다는 의미도 가지고 있지만 "I'm sick of you 질린 대상"이라며 나는 너한테 질렸다는 의미도 있어서 처음에 누가 sick이라고 했을 때 나를 싫어하는 줄 알았다. 하지만 이 문장은 매우 좋다! 라는 의미도 갖고 있다. 이것과 비슷한 예로 wicked도 '형편없는' 이란 본뜻이 있지만 본뜻으로는 쓰지 않고 비속어로 '훌륭한' 이라는 의미로 쓴다는 것을 알고 영어의 오묘함에 다시 한 번 감탄했다.

booze booze는 술을 의미하는 단어로, 파티에서 주로 사용한다. "I'll bring my own booze." 파티문화는 앞서 언급했듯이 자신의 술을 자신이 가지고 오는 문화로 위 문장은 "내 술은 내가 가져올게."라는 뜻을 가지고 있다.

bullshit 말도 안 되는, '엉터리인' 이라는 의미를 가지고 있고 "That's bullshit."으로 사용한다.

cheesy 역겹다라는 의미로 disgusting과는 약간의 차이가 있다. 남자가 여자를 유혹하기 위해 느끼한 말을 했을 때 느끼는 혐오감을 표현할 때나, 남자들이 멜로영화를 보고 하는 말이다. 뭔가 닭살 돋고 그에 따른 역겨움이 함께 섞여있는 표현이다.

chicken chicken은 겁쟁이라는 의미가 있다. 친구에게 장난삼아 쓸 수 있는 말이다.

crap crap은 형편없는 것이라는 의미가 있다. 덧붙여, "Holly crap"은 매우 놀랐을 때 "oh my gash혹은 god", "wow" 등의 의미로 쓸 수 있다.

love handles love handle은 뱃살 한 겹을 의미한다. 따라서 뱃살이 여러 겹으로 접힐 때는 통틀어서 "love handles"라고 표현한다.

piss (somebody) off 화나게 하다는 표현으로 "I'm pissed off."라고 쓰면 나는 화났다는 의미이다. 어떤 사물이나 사람이 나를 화나게 했을 때 "사람 혹은 사물 pissed me off."라고 쓴다.

screw up, mess up 망치다는 의미로 "I screwed up." 내가 망쳤다는 의미이다. mess up 역시 망치다 라는 의미로 "You totally messed up."처럼 네가 완전히 망쳤다는 의미로 screw up보다 자주 사용한다. screwed up은 심각하게 망쳐버렸다는 의미가 강하고 messed up은 보다 보편적이고 일반적이며 농담할 때도 많이 사용한다.

tacky 촌스럽다는 의미로 옷가게에서 어떤 옷이 맘에 안들 때, 친구에게 할 수 있는 말이다. 옷가게 점원에게는 분명 해서는 안 될 말이지만 옷이 맘에 안 들고 촌스럽게 느껴진다면 친구에게 할 수 있는 말이다. "I think this clothes is tacky." 내 생각엔 이 옷 촌스러운 것 같아.

ask (사람) out 데이트 신청을 하다 라는 뜻으로 "I'll ask her out."은 내가 그녀에게 데이트 신청을 할 거야 라는 의미이다. 반대로 "He asked me out."은 그가 나에게 데이트 신청을 했다는 의미이다.

I have a crush on you 나는 너를 좋아한다. 자신의 마음을 좋아하는 사람에게 고백할 때 쓰는 흔한 표현이다.

go out with (사람) 밖에 나간다는 의미가 아니라 with 뒤에 쓰인 사람과 사귄다는 의미이다. "I've been going out with my boyfriend for 5 months."는 나는 나의 남자친구와 5개월가량 사귀고 있다는 의미이다.

8

캐나다에서
취업하기

일자리 구하기

지역 내 취업센터, 이민자 지원센터를 이용

지역 내 이민자 지원센터 안이나 도서관에 가면 취업을 도와주는 센터 job resource centre가 있다. 거의 모든 취업센터가 무료로 운영되고 있다. 나 같은 경우에는 PEI에 있을 때, PEI ANCPEI Association for Newcomers to Canada의 PEI 이민자를 포함한 정착민을 위한 센터에서 인터뷰 연습, 이력서 작성, 직업 알선 등의 도움을 받았다.

구인광고 사이트에서 구직 기회를 찾기

jobbank   잡뱅크는 국가에서 운영하는 공식 구인광고 사이트로 지역별 구인광고를 볼 수 있다. 국가에서 운영하므로 믿을 만하다.

www.jobbank.gc.ca

kijiji, craigslist   캐나다의 대표적인 광고 사이트로 구인광고뿐만 아니라 다양한 광고를 볼 수 있다. www.kijiji.ca, www.craigslist.ca

그 외, 구인 사이트

* Canada Jobs www.canadajob.com

* Job Futures www.hrdc-drhc.gc.ca

* Canadian Employment and Career Resources www.jobbus.com

* Career in Atlantic Canada www.atlanticcanada-careers.com

* Head Hunter www.headhunter.net

* Job and Employment Canada www.canada.gc.ca

* Occupational and Career Information www.acoa-apeca.gc.ca

* Human Resources Development Canada www.hrsdc.gc.ca

커뮤니티 스쿨이나 Adult school을 다닐 경우 직업 인턴십 프로그램에 참여하자!

내가 해밀턴에 있을 때 다닌 St. Charles 학교에서 무료로 인턴십 프로그램을 운영하였다.

나는 그 당시 토플 공부를 하고 있어서 참여하지 않았지만 취직률이 매우 높은 프로그램이라고 들었다. 지역 커뮤니티 스쿨의 인턴십 프로그램을 알아보거나 기왕 어학원을 다닐 때는 인턴십 프로그램이 있는 학원을 다니는 것도 직업을 찾는 방법 중 하나이다.

직접 발로 뛰어서 찾기

거리를 걷다 보면 "사람 구함Hiring"이라는 표지가 걸린 상점이 있다. 과감하게 직접 들어가 본다. 모든 업체에는 매니저가 있다. 매니저가 실질적으로 인사관리를 하므로 이력서를 직접 전달해줄 때 매니저를 만나는 편이 좋다. 매니저를 직접 만나 좋은 인상을 심어준다면 고용될 확률이 높기 때문이다.

온라인으로 구직하기

캐나다의 유명 커피 체인점인 팀 홀튼이나 Metro, Sobey 등 대형마트들은 온라인으로 구직할 수 있는 시스템을 갖추고 있다. 팀 홀튼을 예로 그 구직 방법을 설명하겠다.

① 팀 홀튼 온라인 구직 홈페이지에 접속한다. http://www.timhortons.com/ca/en/join

② 팀 홀튼 매장 내에서 근무하려고 할 때는 Restaurant Opportunity를 클릭한다.

③ apply now를 클릭한 후 다음 페이지에서 Team Member 버튼을 누르고 continue를 누른다.

④ 거주지와 가까운 지점을 선택하고 신상정보를 입력하는 페이지로 넘어가서 자신의 신상정보, 일하고 싶은 시간대와 날짜, 예상 봉급, 시작하고 싶은 날짜 등에 대해 기입하면 된다. 이때 *가 붙어 있는 것은 필수사항이므로 꼭 입력해야 하고 다른 부분은 선택 사항이다. 팀 홀튼은 레퍼런스라는 것이 필수 사항이다. 레퍼런스란에는 추천인을 써야 한다. 추천인은 영어 선생님이나 자원봉사를 하고 있었다면 자원봉사를 했던 곳의 담당자 등 가급적이면 캐나다인이며 나에 관해 잘 알고 있으며 공적으로 인정할 수 있는 직업을 가진 사람이 좋다. 그 사람과의 관계를 공적으로 쓸 수 있는 사람이어야 한다. 친구나 룸메이트 등은 좋은 예가 아니다. 마지막으로 이력서를 첨부하면 끝이다.

한국에서는 인맥이 없으면 살아남기 힘들다고 말하는데 캐나다도 한국만큼 인맥이 중요하다. 특히 작은 도시로 갈수록 각자의 특색이 강하다는 느낌을 받았다. 주변 사람들, 특히 도움을 줄 수 있는 현지인에게 도움을 청한다면 취업 기회를 소개받을 수도 있고, 혹은 쉽게 눈에 띄지 않는 지역 정보도 얻을 수 있다. 나는 해밀턴에 거주할 때 대만인 친구의 어머니께서 화교 사이트에 올라온 광고를 보고 나를 중국인 매니저가 있는 마켓에 취직시켜주셨다. 주변사람들 중 특히, 캐나다 정착기간이 길거나 현지인인 경우 지역 내 소식을 접할 수 있는 경로를 많이 알고 있어서 도움을 받을 수 있다.

캐나다 구인광고 읽는 법

잡 뱅크 이용

좌측 메뉴 바에서 job search 혹은 student/youth job을 누르면 직업 검색창이 뜬다. student/youth job은 학생이나 젊은이를 대상으로 한 구인광고라서 단기직 혹은 파트타임이 대부분이며 시급이 적은 대신 일이 쉬운 편이다. Location 버튼을 이용해서 자신이 구직을 희망하는 지역, 즉 되도록 거주 지역을 선택한다. job category 메뉴에서 자신이 원하는 특정 직업군이 있다면 선택하되 아니라면 선택하지 않는다. 그 다음 search 버튼을 클릭하면 자신이 선택한 지역에서 현재 구인하고 있는 직종들의 목록이 나온다. 마음에 드는 직업을 선택하면 다음 예시와 같은 구인광고가 나온다.

구인광고 읽는 법

구인광고 형식은 대부분 비슷해서 캐나다 공식 구인광고 사이트인 잡 뱅크의 구인광고 중 하나를 가져와서 구인광고 읽는 법을 소개하고자 한다.

* Job Number: 123456

* Title: Mushroom picker직업명

* Terms of Employmet: Full Time Full time은 일주일에 30시간 초과로 일하는 직업을 말한다. Part Time은 일주일에 30시간 이하로 일하는 직업을 나타낸다. Night은 밤

시간대에 근무하는 직업을 말한다.

　* Salary: 8.80CAD to 12.50CAD Hourly for 40 hours per week. 시급은 8.80~12.50CAD 사이이며 일주일에 40시간을 일한다. 시급은 대개 경력이 많이 쌓일수록 높아진다.

　* Anticipated Start Date: As soon as possible. 예상 근무 시작일, As soon as possible은 가능한 한 빨리 시작하고 싶다는 것으로 급하게 구한다는 의미!

　* Location: Crossfield, Alberta(15 vacancies) 근무지를 소개하고 있으며, vacancy는 일자리 수요. 현재 15개의 일자리가 있다.

　* Skill Requirements: 이 직업에서 요하는 능력

　* Education: Not applicable, Not required Not applicable, Not required는 필요하지 않다는 의미

　* Credentials certificates, licences, memberships, courses, etc.: Not applicable, Not required Credentials는 직업에서 필요한 자격증 등을 의미

　* Experience: No experience

　* Language s: Speak English

　* Type of Crops: Mushrooms

　* Weight Handling: Up to 9 kg(20lbs) 일을 하려면 9kg정도 무게의 물건을 들 수 있어야 한다는 의미

　* Work Conditions and Physical Capabilities: Fast-paced environment, Repetitive tasks, Physically demanding, Manual dexterity, Hand-eye co-ordination, Standing for extended periods, Bending, crouching, kneeling 작업 환경과 직업에 필요한 신체적인 능력이 무엇인지에 대한 설명. 여기서는 빠르게 움직여야 하는 환경이며 반복적이고 상당한 체력소모를 요하는 직업임을 알 수 있다.

　* Work Location Information: Rural area 근무 환경

　* Essential Skills: Working with others 근무에 꼭 필요한 능력

　* Employer: All Season's Mushrooms Inc. 고용주

* How to Apply: 어떻게 구직신청을 하는지 소개하는 중요한 란!

Please apply for this job only in the manner specified by the employer. Failure to do so may result in your application not being properly considered for the position.

In Person between 9:00 and 12:00

By Phon: between 9:00 and 17:00: (111) 111-1111

By E-mail: Canada@job.ca

직접 방문할 때는 오전 9시와 오후 12시 사이에 이력서를 들고 오기를 원하고 있다. 전화를 할 때는 명시된 전화번호로 오전 9와 오후 5사이에 전화 줄 것을 원하고 있다. 이메일로 구직할 때는 위의 이메일 주소로 이력서를 첨부하여 구직을 희망한다는 메시지를 담은 이메일을 보내면 된다.

* 아래는 주소의 예시이다.

111111 Road Rd. 111

near Crossfield, Alberta

A0A 0A0

By Fax: (111) 111-1111

Advertised until: 2012/10/21광고게시가 끝나는 날

직업 소개와 설명

* Sales associate: 일반적인 판매원으로 옷가게, 식료품가게 등 각종 업체에서 판매를 담당한다.

* Labourer: 기본 일꾼으로 노동력을 전담하는 일에 쓰이는 용어이다. 보통 Labourer 뒤에 일에 대한 간략한 설명이 붙어있다. ex) Labourer-packaging: 포장 일꾼

* Food and beverage server 혹은 server: waitress나 waiter의 통합적인 용어로 음식집 종업원을 말한다.

* Dishwasher: 설거지를 전담하지만 설거지뿐만 아니라 청소와 관련된 일까지 도맡아 하는 것이 일반적이다.

* Cafeteria worker 혹은 Cafeteria helper: Food and beverage server는 서빙만 하는 대신 Cafeteria worker는 계산, 서빙, 설거지 등 다양한 일을 하는 음식업계의 멀티 플레이어다.

* Kitchen helper 혹은 Kitchen assistant: 요리사가 요리하는 것을 도와주는 일을 하는 것으로 과일, 야채를 씻고 고기 해동 등 요리에 필요한 전반적인 준비부터 부엌 청소, 설거지 등을 한다.

* Cashier: 대형매장, 식당 등에서 일하는 계산원

* Flyer distributor: 전단지 배포 작업을 하는 직업

* Newspaper carrier: 신문 배포 작업을 하는 직업

* Information clerk: 안내 데스크에서 일하는 직업

* Barista: 커피를 전문적으로 만들어 주는 사람

* Farm worker: 농장의 일꾼

* 과일, 작물 picker: 과일이나 작물을 따는 직업

* Livestock labourer or Animal care worker: 동물을 돌보는 직업으로 공원이나 농장 등에서 일한다.

* House Keeper: 집이 비었을 때, 청소를 해주는 직업

* Room attendant: 호텔 객실 청소와 룸서비스를 책임지는 직업

* Nanny: 아이들을 돌보는 직업

* Live in-care giver: 같이 거주하면서 함께 거주하는 아이나 노인을 돌보는 직업

위 직업군 중 맘에 드는 직업이 있다면 잡 뱅크에서 검색란에 위 단어를 입력하여 찾을 수 있다.

다중 외국어 능력자에게 추천할 만한 직업

Travel counsellor 주립이나 도시의 관광 안내센터에서 일하는 것으로 지역 내 유명 관광지나 호텔 등을 관광객에게 소개하는 직업이다. 내가 머물렀던 PEI에는 여름철에 일본인 광관객이 많이 와서 일본어를 할 수 있는 사람을 많이 채용했다. 일본인뿐만 아니라 현지인도 유명 관광지에 많이 찾아오므로 여러 사람과 많은 접촉을 할 수 있으며 일은 어렵지 않다.

Tour guide 투어 가이드는 밴쿠버나 토론토 등 유명 대도시에서 많이 구한다. 함께 여행을 다니며 관광객에게 지역 유명 관광지 소개를 하는 직업이다. 역시 외국인뿐만 아니라 현지 관광객도 접할 수 있다.

　이르게는 10월 초, 대개 11월쯤 스키관련 구직광고가 올라온다. 캐나다의 로키 산맥과 추운 겨울 날씨 탓에 겨울에 눈이 오래도록 녹지 않아 세계를 비롯하여 전국 각지에서 스키를 타러 사람들이 찾아온다. 스키를 타는 직업이 아니더라도 스키 리조트 주변에서 직업을 쉽게 찾을 수 있다. 스키로 캐나다에서 유명한 지역은 Banff, Lake Louise, Jasper, Whistler, Quebec 등이다.

구직신청 전
어드바이스

내가 경험한 직업은 Food and beverage server, Kitchen helper, Flyer distributor행사 홍보 요원도 겸했다, cashier계산원였다. 주변인들이 했던 직업은 House Keeper, Room attendant, Animal care worker, berry picker였다. 내 경험을 토대로 말하자면 cashier, Kitchen helper의 경우 영어를 쓰는 일은 거의 없다. 웨이트리스를 할 때와 전단지를 나눠주면서 행사 홍보 할 때 영어를 많이 썼다. 전단지는 PEI에 있을 때, 일주일가량 단기로 했던 일로 지역 내 보석가게에서 일했다. 미국 유명 아침 토크쇼인 "Regis and Kelly"팀이 PEI를 방문해서 축제가 벌어졌었다. "Regis and Kelly"는 캐나다에서도 워낙 유명해서 많은 관광객과 지역주민이 모여 축제 분위기를 형성했다.

그 축제기간 일주일 전부터 나는 집집마다 전단지를 배달하고 거리에서도 전단지를 나눠주며 홍보하는 일을 했다. 특히 행사 날은 2인 1조로 일했다. 캐나다인 매니저가 나와 한 팀이 되어 일하면서 영어를 많이 가르쳐주었다. 일이 끝난 후 다 같이 모여 축제를 구경했다. "One republic"이라는 가수도 함께 와서 좋은 노래도 많이 들으며 축제를 마음껏 즐겼다. 웨이트리스는 직업 특성상 많지는 않지만 간간히 이야기를 할 수 있고 많이 들을 수 있다. 또한, 웨이트리스가 나만 있는 것이 아니라서 쉴 때는 같이 수다를 떨 수 있다. 그래서 영어를 배우는데 정말 큰 도움이 되었던 직업이다. 또한 일도 매우 쉬워서 그릇을 옮기고, 나중에 손님이 나간 후 마무리만 하고 팁을 챙기면 된다. 다만, 주문을 받을 때 실수할 수도 있기 때문에 반드시 잘 확인해야 한다. 웨이트리스에게는 고정 테이블이 주어지고 그 고정테이블에만 서비스를 하면 된다.

조금 힘든 점은 페이스 조절이다. 음식과 영수증을 줄 때는 페이스를 조절해서 주어야 한다. 한 테이블만 맡는 것이 아니라 특히 저녁 시간 때나 바쁜 시간 때에는 여러 테이블을 관리해야 하므로 페이스 조절이 힘들 수 있다. 하지만 무엇보다 일이 쉽고 영어를 접하는데 제일 좋은 직업인 것 같다.

친구들이 했던 직업들 중 제일 호평을 받은 직업은 스키장 보안 요원이었고 가장 악평을 받았던 직업은 주거하면서 노인을 돌보는 직업이었다. 스키장 보안 요원을 했던 친구는 일본인 친구인데 역시 워킹홀리데이 비자로 와서 밴프에서 스키장 보안 요원을 했다. 스키장에서 보드를 타고 일을 했었는데 스키도 잔뜩 타고 같이 일하는 사람들이 모두 캐나다인이라서 매일 일이 끝난 후 재미있게 놀러 다니며 영어도 배웠다고 한다. 스노보드 자격증이나 스키 자격증이 없어도 취직이 가능하다. 반면, 노인 돌보는 일을 했던 친구는 그 일이 얼마나 힘든지 누누이 말하곤 했다. 물론 숙박비가 들지 않는 장점이 있지만, 언제 돌아가실지도 모르는 90대의 노인과 같이 사는 것은 하루하루 두려울 뿐 아니라 요리도 해야 하며 대우도 그리 좋지 않다고 한다.

이력서 작성방법

나는 이력서를 작성할 때 인터넷을 통해 얻은 이력서 샘플을 참조하여 작성한 다음 지역의 이민자를 도와주는 센터에서 첨삭을 받았다. 이력서 샘플은 인터넷에 많이 있으나 내가 원하는 양질의 샘플을 찾기는 하늘의 별따기다. 커피 바리스타, 고객 서비스직웨이트리스, 안내원 같은 세일즈직은 거의 고객 서비스직으로 분류된다.부터 스튜어디스까지 직종별로 다양한 이력서 샘플을 무료로 구할 수 있는 사이트를 소개하고자 한다.

www.greatresumeexample.com 이 사이트에서 이력서 샘플을 참조해서 자신의 이력에 알맞게 고친 다음, 지역 내 도움을 줄 수 있는 곳이나 영어 선생님에게 부탁해서 이력서를 수정한다.

면접에서 자주 물어보는 질문

나는 이력서를 제출한 후 전화를 기다릴 때면 항상 상반된 감정을 느꼈다. 영어로 인터뷰를 할 생각을 하니까 너무 떨려서 아예 전화가 안 왔으면 하는 마음과 구직을 희망하는 마음, 두 가지 감정이다.

나는 캐나다에서 인터뷰를 한 4번 정도 한 것 같다. 4번 정도 하니 인터뷰에서 물어보는 질문이 비슷하다는 것을 느꼈다. 가장 중요한 건 영어를 못한다고 위축될 필요가 전혀 없다는 것이다. 고용하는 입장에서도 자신감 있는 모습을 보면 더욱 신뢰할 수 있을 것이다. 인터뷰에서 자주 물어보는 질문은 다음과 같다.

① Why do you want to get a job in 해당 업체 명?

(왜 우리가 당신을 우리 업체에 고용해야 합니까?)

② Why should we hire you for the position that you chose?

(왜 우리가 당신을 당신이 원하는 이 직책에 고용해야 합니까?)

③ Please tell me a little about yourself?

(자신에 대해 간략하게 말해주세요.)

④ What are your greatest strengths?

(당신의 가장 큰 장점은 무엇입니까?)

⑤ What are your greatest weakness?

(당신의 가장 큰 약점은 무엇입니까?)

⑥ How long would you expect to work for us if hired?

(만약 우리가 당신을 고용한다면 얼마나 일하실 생각입니까?)

⑦ What do you know about our organization?

(우리 기관에 대해 어떻게 생각합니까?)

예전에 직업이 있었던 경우

⑧ Why did you leave your last job?

(왜 지난 번 직장을 그만두었나요?)

⑨ Tell me about your last position and what you did?

(지난 직장에 대해 얘기해주세요. 그리고 무엇을 하셨나요?)

⑩ Tell me about a problem you had with a supervisor.

(지난 직장에서 상사와 가졌던 문제점 하나를 말씀해 주세요.)

자급자족 워홀러와의 세금환급법 인터뷰

양준화

88년생으로 '호돌이 해'에 태어난 언니! 캐나다에 홀로 와서 생활도 관광도 자급자족하는 멋진 언니!

Q 안녕하세요. 캐나다에 있었을 때, 어떤 직업을 가졌나요?

A 네, 안녕하세요. 저는 파트타임으로 컨비니언스 스토어편의점, 패밀리 레스토랑 두 곳에서 일했답니다. 두 곳 다 시내가 아닌 주거 지역에 위치 해 있어서 대부분의 손님들이 단골이고 매우 친절해서 즐겁게 일했어요. 컨비니언스 스토어에서는 혼자 일을 해서 조금 심심했는데 레스토랑은 같이 일하는 친구들이 많았기 때문에 즐거웠고, 일하는 친구들이 영어가 모국어이거나 영어 사용에 문제가 없는 사람들이라 영어 공부하기 정말 좋은 환경이었어요.

Q 일을 한 기간은 어떻게 되나요?

A 컨비니언스 스토어에서는 약 11개월 동안 주말에 하루 7시간 정도 일을 했고, 레스토랑에서는 주중에 약 8개월, 하루 4~5시간 정도 일을 했어요. '투잡'을 뛰다보니 일주일 내내 일하게 되었어요. 처음에는 일주일 내내 일하는 것에 피곤함을 느꼈지만 한 달쯤 그렇게 일하다보니 오히려 쉬면 이상할 정도

로 익숙해졌어요. 투 잡 혹은 그 이상을 원하시는 분은 오전 일, 오후 일, 주말, 주중 등 여러 가지 옵션을 통해 다양한 직업을 가질 수 있어요.

Q 가장 중요한 부분이죠. 급여는 얼마나 되나요?

A 대부분의 경우 파트타임, 풀타임 모두 시급을 최저임금에 맞춰서 받아요. 전문직이 아니니까요. 서비스직 같은 경우 팁을 받기 때문에 최저 임금보다는 적은 시급을 받지만 팁을 합치면 일반 파트타임보다 훨씬 낫죠. 제 경우도 온타리오 기준 최저 임금인 시간당 10.25CAD를 받았어요. 우리나라 돈으로 하면 시간당 약 1만 원 정도이죠.

Q 일은 어떻게 구하셨나요?

A 보편적으로 구직의 기회는 잡뱅크나 광고 사이트에서 확인할 수 있습니다. 저는 레스토랑 일은 좀 특별한 경우로 취직했어요. 제가 살던 도시에는 워크 퍼밋워킹홀리데이비자 포함을 가지고 있을 경우엔 무료로 다닐 수 있는 ESL 학교가 있어요. 마침 학교에서 서비스직에 관한 8주간 인턴십 프로그램이 있어 등록했어요.

4주간의 서비스직에 관한 수업을 듣고 나머지 4주 동안 자원봉사무급 인턴십 형식으로 실제로 한 곳을 정해 직장을 체험할 수 있는 프로그램이에요. 4주간의 자원봉사 기간 동안 고용주의 마음에 들 경우 실제로 고용이 될 가능성도 열려 있어서 저는 '정말 열심히 일 해서 꼭 나를 고용하지 않을 수 없도록 만들겠다!' 라는 마음가짐으로 프로그램에 등록했어요. 그리고 4주 후, 실제로 저는 그 곳에서 정식으로 일하게 되었죠.

Q 직업을 잘(빨리) 구할 수 있는 바람직한 자세가 있을까요?

A 인터넷에서 정보를 찾아 이메일로 이력서를 보낼 수도 있지만 대부분의 경우 연락을 하고 직접 찾아가서 이력서를 내는 편이 취직될 확률이 더 큽니다. 또 돌아다니다 보면 현재 구인 중이라는 광고가 가게에 붙어있는 경우가 있습니다. 따라서 이력서를 들고 지역 내 산책이라도 하다가 구인 광고가 붙은 가게에 들어가서 활짝 웃으면서 현재 구인 중이냐고 물으며 적극적으로 구

직활동에 임하면 긍정적인 결과를 얻을 수 있을 겁니다. 혹여나 연락이 오지 않더라도 좌절하지 않고, 다시 한 번 찾아가 이력서를 냈는데 연락이 안와서 궁금해서 찾아왔다며 일을 하고자 하는 의욕을 보여주는 것도 아주 좋은 방법입니다.

Q 직장을 구하려면 영어 실력이 어느 정도 수준이어야 할까요?

A 직업에 따라 다르겠지만 단순 서비스 직업은 높은 영어 실력이 필요하지는 않습니다. 물론 정말 단어 몇 개 띄엄띄엄 말하는 수준이라면 일을 구하기엔 힘들 거예요. 하지만, 유창하지 않아도 기본적으로 본인이 하고자 하는 말을 간단한 문장을 통해 할 수 있고, 상대방이 나에게 무슨 일을 시키는지, 무엇을 이야기 하려는지, 어느 정도 알아들을 수만 있다면 일을 하는 것에는 전혀 문제가 없어요. 또 영어는 일을 하면서 동료들과 지내며 충분히 배울 수 있답니다.

Q 일하는 것이 정말 영어에 도움이 되나요?

A 흔히 사람들이 일 하면서 배우는 영어는 결국 항상 같은 말의 반복이라 한계가 있다고 하죠. 분명 맞는 말이긴 하지만, 직업 생활이 영어 실력 향상에 도움이 된다는 것은 분명한 사실이에요! 저는 처음 캐나다에 와서 일주일 만에 일을 시작했는데, 이때는 미처 귀도 뚫리지 않은 상태였어요. 사람들이 뭐라고 말하는지 들어보려 아무리 애써도 들리지 않았죠. 일을 하면서 계속 사람들의 말을 귀 기울여 듣다 보니 점차 귀가 뚫리고 영어 실력이 쑥쑥 향상 되는 것을 느꼈어요.

한국인 한 명 없는 곳에서 캐나다인과 일하면서 내내 영어를 듣고, 영어로 말을 하니 영어가 늘지 않을 수가 없었죠. 웬만한 어학원에서 영어가 모국어가 아닌 친구들과 지내는 것보다 듣기 부분에서 특히 빠른 향상이 있었던 것 같아요. 또 일을 하면서 만나게 되는 사람들, 동료들과의 이런 저런 대화들과 가끔은 내가 예상치 못했던 돌발 상황에서 식은땀 흘려가며 배우는 영어, 하루하루가 몸소 새로운 영어를 배울 수 있는 환경이기 때문에 직업 생활에서 영어를 배우느냐는 전적으로 본인 스스로가 얼마나 활발하게 마음을 열고 적극적으로 임하느냐에 달려있다고 생각합니다!

Q 캐나다에서 일하면서 자급자족이 가능한가요?

A 한 달에 몇 시간이나 일을 하느냐와 한 달에 얼마의 돈을 지출하느냐에 따라 달라지는 문제이지만 결론만 말하자면, 자급자족은 충분히 가능합니다. 저의 경우엔 일주일에 35시간 내외로 일을 해서 돈을 많이 번 경우는 아니지만, 한 달 수입이 1,300~1,500CAD가량이었죠. 약 130~150만 원 정도 지출은 방 빌리는 비용, 먼슬리 교통 패스, 휴대전화, 식료품 비용 등 이런 저런 생활비가 한 달에 약 800~1,000CAD 가량이어서 자급자족은 충분히 가능했으며 한 달에 500CAD 이상 씩 저축도 할 수 있었어요.

Q 일할 때 다른 문화나 영어 때문에 힘들었던 적이 있었나요? 또, 있다면 어떻게 극복했나요?

A 네 물론 있었죠. 처음 일을 시작했을 때는 한국과는 너무 다른 근무 시간과 자유로운 근무 태도가 이해할 수 없었어요. 일하는 시간엔 놀지 않고 부지런히 일하는 한국의 문화와는 달리 근무 중에 일손을 놓고 수다도 떨고 장난도 치며 일하는 분위기에 어안이 벙벙했죠. 그리고 영어가 완벽하지 않아서 가끔 동료들이 나에게 요청한 일을 잘못 알아들어 실수 하거나, 전화벨이 울려도 전화영어는 일반 대화보다도 더 어려워 지레 겁먹고 전화를 받지 못할 때면 스스로가 쓸모없는 사람처럼 느껴져 자책한 적도 굉장히 많았죠. 이것은 아마 워홀러로 캐나다에서 일을 하고 있는 사람이라면 누구나 한 번쯤은 경험하는 것이 아닐까 생각한다.

하지만 이곳에서도 한국처럼 놀지 않고 부지런히 일하는 모습을 동료들과 매니저들이 굉장히 인상 깊게 보기 시작했고, 영어가 능숙하지 않기 때문에 다른 일에 조금이라도 더 도움이 되고자 부지런히 움직였어요. 동료들이 부탁하는 일이 있다면 웃으면서 흔쾌히 도와주고 조금이라도 더 빠르게 움직였죠. 시키지 않는 일도, 남들이 하지 않으려고 하는 일도 찾아서 미리미리 챙겨서 하고요. 그러자 점점 동료들이 나에게 마음을 열어주고 영어를 잘 못하는 나를 배려해 천천히 알아듣기 쉽게 말을 해 주었어요. 그리고 잘 몰라서 당황하고 있을 때면 제 옆에 나서서 도와주는 든든한 제 편이 되어주기도 했죠. 부족한 영어실력을 극복할 수 있는 나의 경쟁력은 바로 '성실함' 이었어요! 지금도 완벽한 영어는 아니라서 가끔씩 좌절감을 맛보긴 하지만, 그래도 지금은 내 편이 되어주고 날 이해해 주는 사람들이 있기 때문에 덜 힘들고 오히려 행복해요.

Q 캐나다의 직장 생활을 위해 한국에서 미리 준비해야 할 것이 있을까요?

A 시간이 허락되어 미리 아르바이트 경험을 쌓을 수 있다면 캐나다에서 일을 할 때 조금은 덜 힘들겠죠? 하지만 무엇보다도 가장 중요한 것은 영어 공부입니다! 위에서도 이야기 했듯이 유창하지는 않더라도 기본적으로 하고자 하는 말은 간단하게나마 표현할 수 있어야 해요. 또한 영어 실력이 좋으면 좋을수록, 일을 선택할 수 있는 폭도 넓어지기 때문에 한국에서 최대한 열심히 영어 공부하기를 추천할게요.

Q 외국에서 일할 때 특별히 신경 쓰이는 점이 있었나요?

A 특별히 외국에서 일을 한다고 해서 더 신경이 쓰이는 점은 없었어요. 하지만 나 한사람으로 인해서 주위의 동료들에게 한국과 한국인에 대한 좋은 인상을 심어줄 수 있기를 바랬어요. 혹여나 다른 워홀러들이 이곳에 이력서를 내러 들렸을 때 그들에게 좋은 기회를 제공해 줄 수 있도록 조금 더 성실하게 열심히 일을 했을 뿐이에요!

Q 일한 후에 세금환급을 받을 수 있다고 하는데 그 자격조건은 무엇이고 어떻게 준비해야 할까요?

A 세금환급은 합법적으로 캐나다에서 세금을 내며 일을 한 사람이라면 누구나 받을 수 있습니다. 일 년 동안 낸 세금과 원래 내야 하는 세금의 금액을 계산하여 세금을 더 많이 냈다면 그 차액만큼의 금액을 다시 돌려주고, 원래 내야 하는 금액보다 적게 냈다면 그만큼을 더 내야 합니다. 일을 하지 않은 사람이라도 환급이 가능한 대상이라면 교통 패스나 방을 빌린 비용지역에 따라 다름 등을 환급 받을 수 있습니다. 매년 2월 초부터 우체국에 가면 캐나나 국세

청Canada Revenue Agency에서 발급한 세금 환급 신청서 패키지가 있습니다. 세금 환급에 대한 안내서General Income Tax and Benefit Guide와 세금환급에 필요한 서류 양식들이 들어있습니다. 이 서류 양식은 인터넷으로도 다운 가능합니다.http://www.cra-arc.gc.ca/formspubs/t1gnrl/llyrs-eng.html 그 양식을 작성하여 패키지 안에 들어 있는 봉투에 넣어혹은 일반 서류 봉투도 무관함 적힌 주소로 2월에서 4월 30일까지 발송하면 신청이 완료됩니다. 만일 한국에 있는 경우라면 Non-resident용 서류를 인터넷에서 다운 받을 수 있습니다. 지역별로 신청서를 발송해야 되는 주소가 다른데 아래의 링크에서 확인할 수 있습니다.

http://www.cra-arc.gc.ca/cntct/t1ddr-eng.html

세금 신청할 때에 필요한 서류가 몇 가지 있는데 기본적으로는 T4가 필요합니다. 이것은 일을 합법적으로 했다면 모든 고용주가 발급 의무를 가지고

있는 것으로 매년 2월 전후로 하여 전 해의 총 세금과 수입에 관한 서류를 고용주가 집으로 발송해 줍니다. 만약 받지 못했다면 고용주에게 요구해야 합니다. 그 즈음에 본인이 한국으로 돌아가 있다면 일을 그만두기 전에 T4를 한국의 자택으로 발송해 줄 것을 요청하는 것이 좋습니다. T4를 기본으로 해서 세금 환급 서류를 작성할 수 있습니다. 만일 T4가 없을 경우, 마지막 페이첵에 적힌 한 해 동안의 Total income, income tax, CPP, EI 등을 알면 세금 신고를 할 수 있습니다.

또한 주마다 조금씩 먼슬리 교통 패스 등 세금 환급 대상이 다르기 때문에 잘 확인한 후 필요한 것영수증 등은 미리미리 챙겨두는 것이 좋습니다. 가이드에는 이 영수증을 첨부할 필요는 없지만 추후 요청을 할 경우 제출 해야 한다고 되어 있습니다. 참고로 온타리오 주의 경우 방을 빌린 비용도 환급 대상이 되므로 집 주인의 이름, 집 주소, 금액, 서명 등이 들어간 영수증을 미리 챙겨두어야 합니다.

세금 신고서를 작성 할 때 은행 계좌 정보를 적어두면 환급액을 바로 계좌

로 이체시켜주며direct deposit, 이를 적지 않으면 T1 서류 첫 페이지에 적은 주소로 환급 금액이 발송됩니다. 만일 한국에서 환급 금액을 받길 원하면 T1 첫 페이지 주소를 적는 곳과 보내는 우편 봉투에 영어로 한국 주소를 써서 보내면 됩니다.

가이드를 보고 혼자서 세금 환급 서류를 작성하기 힘들다면, 택스 리턴 프로그램을 이용하는 방법도 있습니다. 연간 수입이 2만 달러 이하의 저소득자라면 Ufile이나 Turbotax, Quicktax 등을 무료로 이용할 수 있으며, 이 프로그램을 통해 비교적 간단히 본인의 환급액을 계산할 수 있습니다.

Q 세금 환급은 얼마나 받을 수 있고 또 기간은 얼마나 걸리나요?

A 처음으로 세금 환급을 신청한 사람이라면 서류를 우편으로 발송하고, 정확히 신고를 하였는지 확인하는 절차가 필요해서 한 달, 혹은 그 이상 걸릴 수 있어요. 조급해하지 말고 여유를 가지고 기다리는 것이 좋겠죠?

하지만 지난해에 이어 두 번째로 세금 환급을 신청하는 사람이라면 국세청의 Netfile 사이트를 이용, 인터넷을 통해서 편리하게 세금환급을 신청할 수 있어요. 이 경우는 약 2주 정도면 환급이 가능합니다. Netfile 이용 관련 자세한 사항은 아래 링크를 통해 확인할 수 있습니다.

http://www.netfile.gc.ca/bt-eng.html

환급 금액은 개인의 수입과 세금, 이런 저런 사항에 따라 달라지지만 대부분의 워홀러는 연간 2만 달러 이하의 저소득자로 income tax의 대부분을 환급 받을 수 있습니다. 이와 더불어 세금 환급 시 HST/GST 세금에 대한 환급을 신청하면 1년 동안 4번에 걸쳐 100달러 이하의 금액을 환급받을 수 있어요. 하지만 이것은 캐나다에 거주 하고 있는 사람에게만 유효하니까 캐나다를 떠나기 전에는 당국에 전화, 혹은 우편을 통해 캐나다를 떠남을 알리고 HST/GST 세금 환급 신청을 취소하면 되죠. 취소를 하지 않고 계속 환급을 받으면 세금 내역 재 정산 후 받았던 세금과 과태료를 함께 부과 하는 경우가 생길 수 있으니 주의해야 한다.

Q 워킹홀리데이 선배로서 추천하고 싶은 직업이 있나요?

A 물론 본인의 목적에 맞는 직업이 제일이겠죠? 만일 본인의 목적이 영어라면 사람들과 많이 이야기 할 수 있는 직업이 좋을 것이고, 돈을 많이 벌어야겠다는 목적이 있다면 힘들거나 영어를 사용하지 않아도 시급이 높은 일이나 팁을 받는 일을 선택하면 됩니다. 자신의 목적에 맞추어 열심히 했다면 그것으로도 충분히 성공한 워킹홀리데이라고 생각해요.

간혹 영어에 좀 더 중점을 둔 사람들이 "한국 식당, 한인 업주 밑은 피해라.", "아무리 돈이 급해도 영어 쓸 일도 없는 주방 설거지는 하지 않는다." 이런 말을 하는 것을 흔히 들을 수 있죠. 하지만 제 생각은 이와는 조금 달라요. 왜냐하면 한국 식당이라고 해서 손님이 한국인만 오는 것은 아니기 때문이에요. 오히려 한국 식당에 외국인 손님들이 심심찮게 보이기 때문에 이런 손님들과 영어로 대화하고 이런 저런 사소한 농담도 주고받다 보면 영어실력이 향상될 수 있어요!

참고로 이곳의 서버 문화는 고객과 농담도 주고받고 이런 저런 이야기도 하며 친분을 쌓는, 한국과는 아주 다른 문화니까 본인의 노력 여하에 따라 얼마든지 영어 연습 환경과 친구 사귈 기회를 만들 수 있어요. 주방 설거지 또한 마찬가지로 영어를 충분히 쓸 수 있는 환경이라고 생각해요. 직접적으로 손님들과 만나지는 않지만, 적어도 레스토랑 내에 많은 동료들이 있을 것이고 그들과 많이 대화하다 보면 충분히 친해질 기회가 있기 때문이죠.

또한 한인 업주는 악덕 업주가 많다고들 하는데 사실 어느 나라 출신의 업주이든 악덕 업주가 있을 가능성은 있어요. 제가 일했던 편의점은 한국인 사장님이셨지만, 사장님 내외분께서 너무 잘 챙겨주셔서 캐나다인 업주 열 부럽지 않았죠.

결론적으로 특별히 추천하고자 하는 일은 없지만 워홀러들 사이에 보편적인 직업은 있어요. 레스토랑의 각종 포지션서버, 주방 보조, 주방 설거지 등에서 일 하거나 카페, 샌드위치 가게 등에서 많이 일하죠. 이 중 '팀 호튼'은 캐나다를 대표하는 커피, 도넛 가게로 많은 워홀러에게 인기 있는 직장이에요. 한 가지 또 잊지 말아야 할 점은 발품 팔아 도전하면 오피스 직업도 불가능이 아니라는 것!!!

A 말도 잘 통하지 않는 남의 나라에서 일을 한다는 것은 분명 쉬운 일이 아니죠. 수도 없는 좌절감을 맛보게 될 것이고, 어떤 날은 모두 포기하고 돌아가 버리고 싶은 날도 있겠지만 워홀러라면 누구나 겪는 일이므로 좌절할 필요 없어요! 그럴 때마다 본인의 워킹홀리데이 목적이 무엇인지, 무엇이 나를 이곳에 있게 했는지 다시 한 번 돌아보며 마음을 다 잡는다면 분명 1년 뒤 워킹홀리데이생활을 마치고 한국으로 돌아갈 때는 아주 많은 것을 얻어갈 수 있을 것이라고 확신해요! 미래의 워홀러님들 모두 강인한 마음과 분명한 목적의식을 갖고 1년 후 큰 수확 얻어 가시길 바랍니다.

고용법과 근로자의 권리

나는 외국인 노동자다

캐나다에서 일하며 느낀 것은 내가 그 말로만 듣던 '외국인 노동자' 라는 것이었다. 그렇다, 우리는 캐나다에서 외국인이고 일을 하면 외국인 노동자인 것이다. 외국인 노동자로서 우리는 캐나다 고용법과 고용 권리를 잘 숙지해야 할 의무가 있다. 물론 그럴 일은 없겠지만 아무래도 약자이기 때문에 불이익을 당할 수도 있기 때문이다. 캐나다의 근로자 권리에 관한 자료는 Service Canada 홈페이지를 참조했음을 미리 밝힌다. 고용법은 주마다 조금씩 달라서 통상적으로 적용하는 주요한 부분만 소개하자면 다음과 같다.

근무시간과 연장근무 규칙 대부분의 근로자에게 적용되며 캐나다 전역에 걸쳐 매우 내용이 다양하다. 관할 관청은 연장근무 임금 요율을 해당 근로자 정규보수의 1.5배로 규정하고 있다. 고용인은 연장근무에 대한 급료지불을 거절하거나 근로자에게 과다한 시간의 근무를 강요할 수 없으며, 만약 근로자가 연장근무를 거절하거나 이의를 제기하더라도 해당 근로자를 해고할 수 없다.

최저임금 고용주가 근로자에게 지불하는 최저임금 요율이며 캐나다 내 주 또는 준주 법에 따라 그 범위가 다양하다.

급여 근로자는 정기적이며 반복적인 급여일에 급여를 받아야 하며 급여 기간에 대해 당사자의 급여와 공제사항이 기재된 명세서를 받아야 한다.

휴가 대부분의 근로자는 연간 최저 유급휴가를 사용할 수 있는 권리를 갖는다. 예를 들어, 브리티시 콜롬비아British Columbia, 온타리오Ontario, 마니토바Manitoba, 앨버타Alberta, 퀘벡Quebec 주의 근로자는 한 고용주 밑에서 1년간 근무를 마치면 2주의 휴가를 반드시 받아야 한다. 자격 조건이나 적격 요건에 대해서는 캐나다 전국적으로 상당한 차이가 있다.

공휴일 대부분의 근로자가 연중에 유급으로 쉬는 날이다. 만약 이 날 근무를 할 경우 연장근무 수당을 받는 날들을 말한다. 모든 주와 준주에서는 다수의 공휴일을 지정하고 있다.

식사 시간 대부분의 캐나다 관할 관청은 5시간 연속 근무 시 근로자에게 적어도 1시간 30분의 식사 시간을 제공하도록 규정한다. 고용인은 통상적으로 식사 시간으로 사용된 시간에 대해서는 급료를 지불하지 않아도 된다.

모든 근로자가 동일한 고용권리를 가질까?

대답은 NO. 농장 근로자, 어부, 유전 근로자, 벌목 근로자, 간병인, 전문직, 관리자와 같은 일부 근로자 또는 판매원과 같은 근로자일 경우는 다른 고용기준을 적용 받거나 고용기준법 중 하나 또는 그 이상의 법률의 적용을 받지 않을 수 있다. 예를 들어 농장 근로자는 최저임금 대신에 단가로 임금을 지급받을 수 있으며, 대부분의 주에서 연장근무 수당이나 휴일근무 수당을 받지 못한다.

작업장 보건안전　캐나다 내 모든 근로자는 안전하고 건강한 환경에서 일할 수 있는 권리를 가진다.

위험한 일을 거부할 수 있는 권리　근로자의 기본권리 중 하나는 근로자 자신 또는 다른 근로자에게 위험할 수 있는 작업을 거부할 수 있는 권리이다. 이 거부권은 해당 사안을 조사하는 고용인이나 감독관에게 반드시 보고해야 한다.

작업 중 상해　모든 주와 준주는 근로자에게 재해보상금을 지급한다. 만약 근로자가 작업 도중 병이 들거나 상해를 입었을 경우, 근로자 재해보상 제도Workers' Compensation Plan에서 급료를 지급한다. 근로자가 작업 도중 사고를 당한 경우에는 해당 감독관에게 즉시 통보해야 한다. 또한 의료 전문인에게 알려야 하며 근로자 재해보상 위원회Workers' Compensation Board에 관련 양식을 신속하게 제출해야 한다.

인권차별　고용인은 근로자의 인종, 종교, 민족, 피부색, 성별, 나이, 결혼여부, 장애 또는 성적 등을 이유로 해당 근로자의 고용을 거부할 수 없다. 유감스럽게도 고용인이나 다른 근로자가 차별적, 인종주의적 또는 모욕적인 발언을 할 수도 있다. 이러한 행위는 괴롭힘이라고 지칭되며 법률에 위배한다. 만약 본인이 차별을 받고 있다고 생각되면 고용인과 대화로 문제를 해결하도록 노력한다. 하지만 대화로 가능한 일이 아니거나 해결할 수 없는 경우, 거주하는 주나 준주의 인권 위원회Provincial or Territorial Human Rights Commission 또는 캐나다 인권위원회Canadian Human Rights Commission와 상담한다.

만약 근로자 자신이 부당하게 취급 받고 있다고 느끼거나 자신의 고용인이 법을 지키지 않는다고 생각할 때는, 해당 근로자는 해당 주, 준주 또는 연방 노동 기준 사무국labour standards office에 전화하거나 편지를 보낼 수 있다. 고용인은 해당 근로자가 이러한 정부기관에 불만사항을 접수한 것에 대해 징계를 가하거나 벌칙을 부과할 수 없다. 해당 정부기관은 해당 근로자에게 고용인과 먼저 대화로 문제를 해결하려고 시도했는지 질문할 수도 있다.

Opportunity does not knock, it present itself
when you beat down the door.

−Kyle Chandler

기회는 스스로 나타나지 않는다. 당신이 문을 세게 두드릴 때
만 나타난다.

−카일 챈들러

9

나의 도전,
캐나다 대학 입학하기

캐나다 대학에 지원한 이유

나는 캐나다로 워킹홀리데이를 떠나기 전, 캐나다 대학에 진학할 것이라고는 상상도 하지 못했다. 그저 영어나 제대로 배워 오면 그것으로 만족이라고 생각했다. 캐나다에 다녀와서 복학하여 토익치고 슬슬 사회 진출을 준비하는 계획을 떠나기 전부터, 아니 대학교에 입학하기 전부터 갖고 있었다. 대학, 유학, 취직 이것이 20대의 목표였다. 친구들의 장래 계획과 비교했을 때 한 치도 다르지 않은 평범한 플랜 A였다. 부모님도 그렇게 기대하고 빨리 그런 수순을 밟아주기를 바라면서 나를 캐나다에 보내셨는지도 모른다. 그런데 갑자기 내가 캐나다 대학을 선택한 이유는 세 가지이다.

첫 번째는 캐나다 대학은 미국 대학에 비해 학비가 저렴하면서도 그에 못지 않게 세계적인 명성을 가지고 있다. 한국에서는 미국 대학의 명성이 높다. 나 또한 어렸을 때부터 들어온 '아이비리그' 때문에 세상에서 좋은 대학은 다 미국에 있는 줄 알았다. 물론 미국에 좋은 대학이 많은 것은 사실이다. 하지만 지나치게 미국 대학만 부각된 점이 있다. 내가 입학한 캐나다 토론토 대학은 2010년 타임즈에서 세계 17위의 대학으로 선정되었다. 이는 18위의 아이비리그의 콜롬비아 대학과 역시 아이비리그 대학인 19위의 펜실바니아 대학보다 높은 순위다.

두 번째는 높은 명성에 걸 맞는 학교 교육 내용이다. 이와 관련하여 내가 결정적으로 토론토 대학에 진학하고자 맘을 먹게 된 에피소드가 있다.

나의 대만인 친구인 마크의 소개로 토론토 대학에 다니는 중국 친구를 알게 되어 토론토 대학 생활에 대하여 들었다. 매일 과중한 과제에 힘들지만 노벨상 수상자인 지도교수 밑에서 공부하는 그의 대학생활은 나에게 큰 충격이었다. 나는 사실 매일 취업을 위해 달리는 한국 교육 속에서, 고등학교 때 열심히 공부하며 교과서의 기본예제로 나온 방정식 문제를 나만의 창의적인 방법으로 풀면서 느꼈던 작은 기쁨을 완전히 잃어버리고 살아왔었다. 그의 이야기를 들으면서 결과를 떠나 내가 직접 연구하여 결과를 도출한다는 학문의 기쁨을 잊고 있던 자신에게 다시 한 번 세계의 학자와 수재들과 어울릴 기회를 주고 싶었다.토론토 대학은 교수 및 학생을 비롯하여 현재까지 9명의 노벨 수상자를 배출하였다.

세 번째 이유는 취업비자였다. 6개월 이상 캐나다 학교어학연수 제외를 다닌 외국인 학생은 Off-campus work permit program을 통해 취업 비자를 발급 받을 수 있다. 따라서 학교를 다니면서 일도 할 수 있고 4년제 공립대학을 졸업하고 나서 Post-Graduation Work Permit Program을 통해 약 3년간 캐나다에서 일할 수 있다. 일을 하면서 영주권Permanent residency, 시민권 신청하기 전 거쳐야 하는 단계을 신청하여 이민 절차를 밟을 수 있다. 캐나다에서 3년 이상 산 사람은 영주 상태Permanent resident를 거쳐 시민권 Citizenship을 신청하여 캐나다 시민권을 획득할 수 있다.

대학진학 준비과정

한달 반 만에 TOEFL 합격점 만들기

캐나다의 유명 대학에 입학하기 위해서는 토플 점수가 필요하다. 캐나다 토론토 대학에서 요구하는 토플 성적의 커트라인은 120점 만점에 100점이다. 이는 스탠포드, 예일대와 같은 요구 조건이며 캐나다 대학 중에서는 제일 높은 커트라인이다. 대학 진학에 뜻을 품었을때 귀국 항공권 날짜로부터 남은 기간은 1개월 반이었다. 물론 한국에서도 충분히 준비할 수 있었지만 나는 될 수 있으면 캐나다에 있는 동안 대학 입학에 관한 모든 것을 마무리하고 싶었다. 토플과 토익의 차이도 모르던 내가 1개월 반 만에 토플 100점을 넘을 수 있을까?

약 8개월간의 워킹홀리데이 경험을 통해 듣기와 말하기는 나름 자신 있었지만 어렸을 때부터 외우는 걸 끔찍이도 싫어했던 내게 토플 어휘는 골칫거리였다. 토플 어휘는 우리가 평상시에 쓰는 어휘가 아니고 대학교 교과서에 쓰이는 어휘들이라서 발음하기 어려운 단어도 있었다. 또한 고등학교 때부터 '문법 문제는 그냥 다 틀리고 간다.' 라고 생각했을 만큼 영어 문법에 문외한이어서 장문의 에세이를 써야하는 '쓰기' 파트 또한 취약점이었다. 하지만 나는 할 수 있는 최대한 열심히 하기로 마음먹고 1개월 반 만에 토플 100점 만들기에 도전장을 내밀었다.

나는 일단 잘하는 말하기와 듣기 파트는 매일 조금씩 일정량 정도만 공부하고 부족한 쓰기와 독해 파트에 집중하기로 했다. 쓰기 같은 경우 원어민의 감수를 받아야 하기 때문에 매일 에세이를 한편씩 써서 ESL 학교 수업이 끝나면 선생님에게 감수를 부탁했다. 선생님들은 자료 준비 등 수업이 끝나고도 할 일이 많아서 때로 나의 감수 요청을 거절하기도 했지만 나는 음료수도 사가며 꾸준히 요청하여 많은 도움을 받을 수 있었다. 그것 외에도 나는 친한 ESL 선생님인 켄트에게 개인과외를 부탁했다. 그 후 켄트 선생님과 많이 친해졌다. 후에는 거의 공짜로 과외도 해주고, 가족 식사에도 자주 초대해주었다.

토플 점수를 단기간에 올려야 했기 때문에 학교수업, 과외를 받는 동시에 집에 있을 땐 내내 토플 공부를 했다. 토플 모의시험이 담긴 CD를 사용할 때는 노트북에 시디롬이 없는 관계로 인터넷 카페에 가서 밤을 새면서 모의시험을 쳤다. 인터넷 카페는 우리나라 PC방처럼 24시간 운영하고 주 고객은 성인남성이었다. 장소는 시내에 있어서 밤에는 꽤 위험했다. 따라서 밤을 샐 때 너무 무서웠지만 그 두려움을 억누르며 나는 밤새 토플 모의고사를 치르고 뿌듯한 기분을 만끽하며 아침에 집으로 돌아왔다. 이런 노력의 결실일까? 1개월 반 동안 공부한 나는 아깝게 100점에서 6점 모자란 94점을 얻었다. 94점으로 토론토 대학 입학이 가능할까? 정답은 'Yes'. 입학 기준에서 6점 모자란 토플 점수를 받아서 입학신청을 포기할까 했지만 입학 사정관과의 전화 상담 끝에 나는 입학 신청을 했다.

입학 사정관과 전화하기

1개월 반 동안 정말 열심히 공부했는데 100점을 넘지 못해 너무 우울했었다. 한국 귀국 날짜는 다가오고 6점이면 고작 몇 문제 차인데, 6점을 채우려고 한국에서 한 달가량 토플 공부를 다시 하고 싶지는 않았다. 나는 토론토 대학 입학 사정관과 전화 상담을 하기로 결심했다. 입학 사정관에게 전화를 걸어 토플 점수에 대해 설명하고 커트라인보다 6점이 모자라

지원을 망설이고 있다고 말했다. 그러자 입학 사정관은 토플의 파트쓰기, 읽기, 듣기, 말하기당 커트라인이 있다고 말하면서 그 커트라인만 맞으면 총합이 점수 100점에서 조금 모자라도 괜찮다고 했다. 입학사정관의 말에 힘입어 입학 지원을 결심했다. 그 후에도 입학과 관련하여 궁금증이 생기면 입학 사정관에게 전화하여 물어보았다. 캐나다 대학을 입학하고자 한다면 입학 사정관과 자주 전화로 상담해서 정확한 정보를 얻는 것이 좋다.

에세이 쓰기

토론토 대학 컴퓨터 학부는 특별히 에세이를 요구하지 않았지만 학업 공백 기간이 긴 경우, 에세이를 써야 한다. 나 또한 학업을 약 1년가량 놓았기 때문에 그 공백 기간에 관한 에세이를 썼다. 한 편의 장문의 에세이를 바라는 것이 아니라 그냥 무엇을 했는지 나열하면 되는 것이었지만 나는 다른 사람과 차이점을 두기 위해 캐나다에서 경험한 모든 뜻 깊은 일들을 나열하여 입학 심사관들에게 깊은 인상을 주고 싶었다. PEI에서 '언어·문화 교류 동아리'를 만든 것, 워킹홀리데이 프로그램을 통해 낯선 나라에서 직업경험을 쌓은 과정을 비롯하여 홀로 정착한 과정에 대해 최대한 자세히 썼다. 감수는 ESL 선생님과 지역의 이민자를 도와주는 센터의 대학진학 상담사를 찾아가 받았다. 내가 낸 에세이에서 나의 가능성을 본 것일까? 합격 편지에는 나의 높은 가능성을 눈 여겨 보았다고 쓰여 있었다. 내가 합격한 비결은 에세이 덕분이 아닌가 싶다.

상위권 대학 진학에 필수인 TOEFL과 IELTS

외국인 학생이 캐나다 상위권 대학에 입학하려면 자신의 어학능력을 증명해야 한다. 학교마다 어학능력을 증명하기 위해 치뤄야 하는 시험이 다를 수 있으니 지망학교의 입학관련 홈페이지를 잘 살펴봐야 한다. 거의 모든 학교가 보편적으로 TOEFL이나 IELTS 시험 점수를 요구한다. 미국 또한 TOEFL이나 IELTS 성적을 외국학생에게 요구한다.

TOEFL은 미국에서 만든 시험으로 미국 대학의 수업을 영어로 얼마나 이해할 수 있는지에 관한 시험이다. 읽기, 듣기, 말하기, 쓰기 이렇게 4개의 파트로 이루어져 있다. 4개의 파트는 모두 대학생활과 관련있다. 대학교에서 일어나는 일이라든지 대학교 수업 내용을 바탕으로 문제를 출제한다. 시험은 컴퓨터로 이루어지며 캐나다와 미국 최상위권 대학에서 원하는 TOEFL 점수는 120점 만점에 100점 이상이다. IELTS는 영국에서 만든 시험으로 아카데믹 모듈Academic Module과 제너럴 모듈General Training Module 두 가지로 구분한다. 대학 진학을 위해서는 아카데믹 모듈을 봐야 한다. 제너럴 모듈은 대개 이민 수속을 밟을 때 필요하다. IELTS 역시 토플과 마찬가지로 읽기, 듣기, 말하기, 쓰기 시험으로 이루어져 있다. IELTS의 성적은 네 영역 각각의 점수를 Band로 표시하며 이 Band의 평균은 Overall Band로 표시하고 이것이 응시자의 성적이다. Band는 9단계로 되어 있고 대개 상위권 학교가 원하는 점수는 6.5~7.0 이상이다.

토플 성적을 단기간에 올리는 방법

　나는 9월 29일 토플 반에 등록하여 12월 18일 시험을 치르기까지 두 달 반가량 토플 반에 있었는데, 처음 토플 반에 들어왔을 때는 토플을 칠 마음은 없었다. 다만, 공짜로 배울 수 있는 학원에서 가장 높은 반이라 등록한거라 정말 진지하게 토플을 공부한 기간은 약 한 달 반가량 정도이다. 이 기간 동안 토플을 공부하면서 성적을 단시간에 빨리 올리기 위해 다양한 방법을 시도했다.

　듣기 같은 경우에는 아침 5시에 일어나서 학교가기 전까지 계속해서 문제를 풀었다. 대개 토플 시험이 아침에 잡히기 때문에 잠이 덜 깨서 영어가 들리지 않을 경우를 방지하기 위해서였다. 말하기는 컴퓨터로 보는 시험이라서 헤드폰을 통해 녹음을 한 후 채점을 한다. 따라서 나는 컴퓨터에 기본으로 설치되어있는 녹음기 프로그램을 이용해서 헤드폰을 사서 매일 학원을 다녀오면 말하기 질문을 뽑아서 대답하고 스스로 녹음한 것을 다시 들어보면서 미흡한 점을 확인했다. 읽기는 몇 가지 팁을 이용하여 공부했다.

　미국이나 캐나다 같은 경우 학교에서 어렸을 때부터 작문 교육에 힘쓰는 편이다. 따라서 학교에서 아이들은 작문의 바람직한 모범 틀에 관해 배운다. 토플 같은 경우 공식적인 시험으로 이러한 모범 틀을 매우 잘 준수하고 있다. 또한 수험생들이 이러한 북미권의 작문 틀에 대한 개념을 잡기를 바라므로 그 모범 틀을 벗어나는 경우는 거의 없다. 토플 작문 선생님이 내 글과 일본인 친구의 글을 보고 많이 지적했던 부분이 있었다. 그것은 바로 중심내용에 글의 내용이 부합하지 않다는 것이다. 중심내용과 관련없는 것은 과감히 삭제해야 한다. 글의 중심내용은 긴 글이 아닐 경우 반드시 하나여야 하며, 첫 단락에서 그 중심내용에 대한 소개가 이뤄져야 하고, 중간 단락에서 그 중심내용에 대한 뒷받침이 들어가야 하며, 마지막 구문에서는 중심내용 강조가 있어야 한다는 것이다. 30분가량의 짧은 시간동안 랜덤 질문에 답하여 한 편의 에세이를 구상하고 써야하므로 시험 시간은 매우 촉박하다. 하지만 뚜렷한 구상 없이 글을 썼다가는 중심내용에 알맞지 않을 수도 있다. 따라서 토플에서 작문을 잘 하기 위해 나의 영어 선생님이 추천해준 방법은 다음과 같다.

① 질문이 나와서 자신의 입장을 정해야 할 때, 진짜 본인이 맞다고 생각하는 의견보다는 뒷받침할 근거가 풍부한 입장을 택해라.

② 자신의 입장을 정한 다음에는 그 입장에 걸맞는 근거 세 가지를 가지치기 하여라.

③ 근거에 대한 예시를 한 가지에서 두 가지 정도 적어라.

④ 첫째 단락에서는 자신의 입장을 두 번째, 세 번째, 네 번째 단락에서는 근거 세 가지를 각각 예시와 함께 써라. 마지막 단락에서는 자신의 입장을 강조하면 된다.

나는 실제로 위 방법들을 따랐고 매번 시간낭비하다 결론도 못 내고 내용도 일관성 없게 쓰던 글을 훨씬 잘 쓰게 되었다. 또한 시간도 단축시킬 수 있었다.

토플 시험 접수 방법 시험 접수는 온라인으로 이루어지며 www.ets.org/toefl 사이트에서 인터넷 결제를 할 수 있다. 이 때, 신용카드로 결제하는 편이 편리하다.

캐나다 유명 대학과 대학생의 특권

University of Toronto

위치와 대학 크기 캐나다 온타리오 주 토론토에 위치하고 있으며 시내에 있는 세인트 조지St. George 캠퍼스, 스카보로Scarborough 캠퍼스, 미시사가Mississauga 캠퍼스를 포함하여 총 세 개의 캠퍼스로 이루어져 있다. 이 중 본 캠퍼스는 세인트 조지 캠퍼스이다.

캐나다 최대 규모이자, 북미에서 하버드 대학교, 예일 대학교, 캘리포니아 버클리 대학교에 이어 네 번째 규모인 1,500만 권에 달하는 장서와 5만 7천 개의 전자 리소스, 전자 저널을 갖추고 있는 30여 개의 도서관 시설을 갖고 있다.

업적과 명성 토론토 대학은 밴팅과 매클라우드를 포함해 총 9명의 노벨상 수상자를 배출했다. 캐나다의 노벨상 수상자 18명 중 절반이 토론토 대학 출신 졸업생과 교수다. 토론토 대학은 9명의 노벨상 수상자, 6명의 캐나다 총독/총리, 4명의 타국 대통령/총독/총리, 14명의 대법관, 캐나다 왕립 학회 회원의 42% 등을 포함하여 수많은 저명인사를 배출했다. 한국

출신의 졸업생 중 저명인사에는 학문계에는 이광복 서울대 전기컴퓨터공학부 교수, 조문섭 서울대 자연과학대 지구환경과학부 교수, 서정쌍 서울대 자연과학대 화학부 교수, 김은기 고려대 국제학부 교수, 손봉수 연세대 건축도시공학부 교수, 이상일 전 서강대 총장이 있고, 정치계에는 심오택 국무총리실 정책분석평가실장이 있다.

유명 학과　토론토 대학은 인문학, 사회과학, 자연과학, 생명과학, 공학, 컴퓨터과학 등의 모든 분야에서 높은 명성을 유지하고 있다.

특징　뉴욕 다음으로 세계 경제 2위의 도시인 토론토에 위치하여 많은 기업체와 인턴십 프로그램 등이 연계되어 있으며 Professional Experience YearPEY를 통해 1년간 학생들이 직업에 관련된 경력을 쌓을 수 있는 시간과 기회를 준다.

University of British Columbia

위치와 대학 크기　밴쿠버Vancouber 캠퍼스와 오카나간Okanagan 캠퍼스가 있다. 밴쿠퍼 캠퍼스는 밴쿠버 시내에서 차로 20분 정도 걸리는 바다를 끼고 있는 포인트 그레이Point Grey에 위치하고 있다. 14.13km²에 이르는 대학 크기는 세계에서도 손꼽히는 규모이다. 오카나간 캠퍼스는 오카나간 호수가 인접 해 있는 브리티시 콜롬비아 주의 켈로나Kelowna에 위치하고 있다.

 매년 UBC의 세계대학 순위는 30위권이다.

유명 학과 경제학, 심리학, 경영학, 의학, 약학

특징 140 여개의 나라에서 온 유학생은 총 학생수의 11.8%를 차지하고 있을 만큼 비율이 높다. 한국인은 미국인, 중국인 다음으로 많아서 유학생 비율 중 3위이다.

McGill University

위치와 대학 크기 캐나다 퀘벡 주 몬트리올에 위치한 연구 중심 공립대학교이다. 맥도날드Macdonald 캠퍼스와 다운타운 Downtown 캠퍼스 두 개가 있다.

업적과 명성 8명의 노벨 수상자를 배출하였다. 타임지 선정 세계 35위 대학이며 캐나다 자국 내에서 토론토 대학과 1, 2위를 다투는 명문대학이다.

유명 학과 생명과학, 의학, 사회과학, 인문예술

특징 맥길 대학교의 유학생 비율은 캐나다 전체에서 가장 높으며21.7%, 유학생은 대부분 미국, 영국, 프랑스, 독일, 이탈리아 및 일본 학생이다.한국 학생은 전체의 약 0.73%

University Of Waterloo

위치 워털루 대학교는 온타리오 주 워털루에 위치하고 있다.

업적과 명성 캐나다의 주간지 맥클린스에서는 '의대가 없는 대학들' Comprehensive랭킹에서 워털루를 캐나다 1위의 대학으로 선정했던 바가 있다.

유명 학과 워털루 대학교의 유명 학과는 공학, 수학, 컴퓨터 공학, 기초 과학 등의 이과계열의 학과이며, 특히 워털루 대학의 컴퓨터 공학, 회계 학, 수학과는 캐나다 최고 수준으로 인정받고 있다.

특징 캐나다의 첨단기술 산업을 이끌어가는 인재를 배출하는 것으로 유명하다. 블랙베리를 생산하는 캐나다 기업 리서치 인 모션Research In Motion의 창업자 마이클 라자리디스도 워털루 대학교의 졸업생이다. 워털루 대학교는 학생들이 여러 산업분야의 기업에서 인턴을 하며 배우는 코업 프로그램Co-op program을 활발하게 운영하는 것으로도 유명하며 코업 프로그램은 물론, 산업분야 관련 취직률도 매우 좋은 편이다. 마이크로소프트사의 창업자이자 이전 CEO인 빌 게이츠 역시 마이크로소프트사가 가장 많은 신입사원을 모집하는 대학교는 워털루 대학이라고 언급할 정도이다.

캐나다 대학생의 특권

SPC 카드 꼭 캐나다 대학생이 아니더라도 학생으로 인정될 수 있는 ID카드를 가지고 있으면 SPC를 신청하여 사용할 수 있다. SPC는 Student Price Card로 캐나다 식료품매장부터 옷가게까지 다양한 매장에서 학생할인을 통해 10%에서 15%까지 할인 받을 수 있다. SPC의 장점은 북미권 내에서 할인되는 범위가 광범위하다는 것이다. 자세한 사항은 **www.spc-card.ca**를 참조하면 된다.

free local bus ride 1달에 90CAD가량온타리오 기준하는 버스 패스는 가장 지출이 심한 부분 중에 하나인데 캐나다 주요 대학들은 U-passuniversal transit pass를 제공하여 대학생은 무제한으로 시내버스를 이용할 수 있다.

캐나다 대학 지원 방법

대부분의 온타리오 주 대학의 지원은 Ontario Universities' Application Centre 사이트를 이용하여 할 수 있으며 사이트 주소는 **www.ouac.on.ca** 이다. 개인 신상 정보를 자신의 계정을 이용해 입력하고 자신이 지망하는 대학을 고르면 자동으로 신상 정보가 대학에 전달되므로 간편하다. 하지만 처음 사용하는 사람은 조금 어려울 수도 있다. 신청자는 자신에게 알맞은 카테고리로 들어가서 응시절차를 수행해야한다. 그 카테고리는 여섯 가지이다.

로스쿨이나 메디컬스쿨이 아닌 일반대학 진학을 목표로 한다면 All Other Undergraduate Applicants OUAC105 카테고리를 선택한다. OUAC105로 들어가 스크롤 바를 내리면 OUAC105가 105D와 105F로 나뉘어 있는 것을 알 수 있다. 105D는 온타리오에서 고등학교를 나오지 않은 캐나다 시민권자나 영주권자들을 대상으로 하는 카테고리이다. 105F Online Application 으로 들어가면 카테고리 분류가 끝난다. 그 후 응시 절차만 수행하면 된다. 자신의 온라인 계정을 만들어야 하기 때문에 create account를 선택하여 자신의 계정을 만든다. 이것은 여타 사이트에 가입하는 것과 비슷하다. 다만 이름과 비밀번호와 메일로 자신의 온라인 계정을 만들면 아이디가 자동으로 생성되어 메일이 온다는 점이 다르다. 그 아이디와 비밀번호를 통해서 로그인 할 수 있다. 자신의 계정에 로그인하여 접속해서 Continue 를 누르고 진행하면 된다.

응시절차는 여섯 가지로 1. Program Choice지망학교와 학과 선택 2. Order Choice몇 개의 지망학교를 선택했을 시에 지망순위를 정할 수 있으며 응시료를 볼 수 있다. 3. Personal Information자신의 신상정보에 대해 기록한다. 4. Address Information 주소 정보 기록 5. Institutions Attended자신이 다닌 교육기관에 대해 기록하는 란으로 고등학교를 다니지 않았다면 I did not attend secondary school에 체크 하면 되고, 대학교를 다니지 않았다면 I did not attend postsecondary institution에 체크하면 된다. secondary school은 고등학교, postsecondary institution은 고등학교 후의 교육으로 4년제 대학교나 전문대학교 모두 포함된다. 체크하는 란 밑에 자신이 다닌 학교의 이름을 기록하면 된다. 6. 중간에 transcript request는 무시하고 Activity로 넘어 간다. Activity는 방학 기간 동안이나 학교를 다니지 않았을 때 자신의 활동 사항에 관한 기록이다. 자원봉사, 인턴십, 업체 근무기록 모두 가능하다. 이 여섯 단계가 끝나면 Submit를 누르고 응시료를 계산하면 각 지원 대학에 자신의 신상 정보가 전달된다. 이것으로 응시의 전반적인 단계는 끝난다.

다음은 각 대학에서 원하는 정보를 우편을 통해 보낸다. 주요 대학들이 우편으로 받기를 원하는 정보는 성적표와 어학능력 시험 점수로 대개 비슷하다. 조금 더 자세하고 개별적인 정보는 자신이 입학 하고자 하는 대학의 홈페이지에서 확인 가능하다.

자료를 보내야 하는 주소 역시 각 대학 입학 홈페이지에 나와 있다. 모든 자료는 위조의 위험성을 고려하여 성적 등의 자료는 한국의 학교에서 직접 캐나다로 보내야한다. 대개 학교 행정실에서 모든 자료를 확인한 후 학교 봉투에 담아 입구에 직인을 찍어 봉해서 준다. 그 우편물을 우체국에 가져가서 대학교로 보내면 된다.

이것으로 응시에 관련한 모든 사항은 끝난다. 남은 건 합격 통지서를 기다리는 일뿐이다. 캐나다 대학 입시 관련자들은 항상 응시를 일찍 할수록 이득이라고 말한다. 대부분의 고등학생은 온라인 응시를 12월에 마치고 3월에 마지막 성적표가 나오므로 그때야 응시절차를 마칠 수 있다. 하지

만 이미 고등학교를 졸업한 나는 12월에 일치감치 모든 응시절차를 마치고
발표가 나기만을 기다렸다. 대망의 3월, 나는 드디어 꿈에 그리던 토론토
대학교 본 캠퍼스인 St. George 캠퍼스의 합격 통지서를 받았다.

캐나다 대학 진학과 나의 비전

꼭 굳이 캐나다까지 가서 컴퓨터 과학Computer Science을 배워야 할까? 한국에서도 소위 상위권 대학에 속하는 대학을 다니는 내가 모든 걸 버리고 캐나다에서 다시 시작하는 것을 많은 사람이 말렸다. 토론토 대학 합격 이후 주위 사람들은 "한국에서 졸업해도 무난히 취직할 텐데, 뭐하려고 돈과 시간을 낭비하려고 해?"하며 반대도 하고 걱정도 하였다. 내가 토론토 대학 진학을 선택한 이유는 앞서 말한 바와 같이 순수하고 진지한 열정을 가지고 세계의 수재들과 함께 학문을 탐구하고 싶은 마음 때문이다. 하지만 오로지 학문에 대한 열정만으로 캐나다 대학 진학을 결정한 것은 아니다.

토론토 대학에서 '컴퓨터 과학'을 배워야 겠다고 결심한 이유는 캐나다가 북미권에 위치한 나라이기 때문이다. 그것이 왜 이유가 되냐고 물을 수 있을 것이다. 미국을 포함한 북미권이 현재 세계에서 IT 기술의 중심을 자처하며 앞서 나가고 있다. IT 기술 중 현재 SNS와 유비쿼터스 등의 네트워크 기술이 각광받고 있다. 비록 내가 IT 전문가는 아니지만 개인적으로 네트워크를 정의하면 정보 전달 망이라고 생각한다. 많은 정보가 온라인화 되어 가는 시점에서 이 네트워크 기술의 중요성이 더욱 커질 것이다.

성공적인 네트워크 기술을 개발하려면 파급력이 큰 북미권에서 개발해야한다. 싸이월드가 페이스북보다 먼저 소셜 미디어를 시작했지만 한국에서 시작했기 때문에 크게 발전하지 못한 것이다.

'IT 기술의 리더'를 자처하는 북미권에 워킹홀리데이로 처음 발을 디뎠
다. 나는 한 번 발 디디는 것으로 끝나는 것이 아니라, 이곳에서 내가 배울
수 있는 모든 것을 배워 파급력 있는 IT 기술을 개발하여 IT 기술의 중심
지를 한국으로 옮겨오고 싶다.

10

마음껏
돌아다니자!

캐나다 여행하기

다양한 매력

누가 나에게 "캐나다의 가장 큰 매력은 무엇일까?"하고 묻는다면, 너무 다양해서 한마디로 정의할 수 없는 것이 매력이라고 대답할 것이다. 세계에서 두 번째로 큰 나라인 캐나다는 그 넓은 면적만큼이나 지역별로 독특한 매력을 맛볼 수 있다. 대자연의 매력에 흠뻑 빠지고 싶은 사람은 야생 곰이 나오는 숲속에서 캠핑을 할 수도 있고 오로라를 보러 갈수도 있고 로키산맥을 스키를 타고 내려올 수도 있다. 도시적인 것을 좋아하는 사람은 세계 제2의 경제도시인 토론토나 밴쿠버에서 쇼핑 및 관광을 즐길 수도 있다. 퀘벡은 프랑스 문화권이기 때문에 북아메리카 대륙이지만 유럽의 향기를 느낄 수 있다.

옐로우 나이프에서 오로라 관측

노스웨스트 테리토리 준주에 위치한 옐로우 나이프는 오로라를 관측하기에 가장 최적 조건인 오로라 오발Aurora Oval의 바로 밑에 위치한 세계 유일의 도시이다. 게다가 산악지형이 없어서 오로라를 지평선부터 관측할 수 있다. 옐로우 나이프에서는 오로라를 보는 것 말고도 개썰매타기, 얼음낚시, 썰매타기 등의 다양한 활동을 즐길 수 있다.

옐로우 나이프에서 오로라를 즐길 수 있는 최적기는 1월~3월이다.

옐로우 나이프 오로라 기상 예보
http://astronomynorth.com/aurora-forecast

로키산맥에서 스키타기

캐나다와 미국을 가로지르는 로키산맥은 국립공원과 야생동물로도 유명하지만 단연 스키장이 가장 유명하다. 스키는 로키산맥에서 시작해서 로키산맥에서 끝난다는 말이 있을 정도이다. 로키산맥은 캐나다의 브리티시 콜롬비아 주와 앨버타 주 사이에 위치해 있다. 로키산맥에서 유명한 스키장은 Kicking Horse 리조트BC 주, Red 리조트BC 주, Big White Ski 리조트BC 주, Lake Louise 리조트Alberta 주 등이 있다. 캐나다 스키장의 오픈 시즌은 11월부터 4월까지이다.

캐나다 10대 스키장 정보
http://gocanada.about.com/od/thebestplacestoski/tp/topski.htm

온타리오 주 나이아가라 폭포와 CN타워

온타리오 주는 나이아가라 폭포, CN타워, 원더랜드 등 다양한 관광지와 경제의 중심지답게 쇼핑의 메카로도 유명한 곳이다. 나이아가라 폭포는 미국과 캐나다 경계에 위치한 폭포로 고트 섬을 경계로 크게 두 줄기로 갈리는데 캐나다 쪽에 있는 폭포는 말발굽 폭포, 또는 캐나다 폭포라

고 부르고 미국 쪽의 폭포는 미국 폭포라고 한다. 캐나다 폭포는 높이가 약 51m, 너비가 약 320m로 실제로 보았을 때 엄청난 압박이 느껴질 만큼 큼 그 크기가 웅장하다.

높은 것을 따지자면 CN타워를 또 빼놓을 수 없는데 CN타워는 그 높이가 553m로 한때 세계에서 가장 높은 건물이었다. 전망대 아래에는 바닥이 유리로 되어 있는 글라스 플로어가 있어 고층의 아찔함을 제대로 맛볼 수 있다. 원더랜드 또한 빼놓을 수 없는데 원더랜드는 우리나라 놀이공원 같은 곳으로 1년 내내 운영하지 않고 5월부터 10월까지 정해진 기간 동안 에만 운영한다. 롤러코스터만 15개를 운행할 정도로 크기가 굉장한 놀이 동산이다.

나이아가라 폭포 주변의 원 팩토리 아울렛

알 만한 사람들은 다 아는 나이아가라 폭포 주변의 원 팩토리 아울렛은 명품 브랜드의 가방이 싸기로 유명한 아울렛이다. 한국과 가격 비교를 했 을 때 거의 반값에 판매한다. 나이아가라 폭포를 갔을 때 지인들에게 브 랜드 가방을 선물하고 싶다면 한번쯤 들러 보는 것도 좋다.

> 캐나다 원 팩토리 아울렛 사이트
> www.canadaoneoutlets.com

낭만적인 천개의 섬, 싸우전드 아일랜드

온타리오 호에서 대서양으로 흘러가는 세인트로렌스 강에 약 1,800여 개 섬의 집합이 떠있다. 이를 싸우전드 아일랜드Thousand Islands라고 부 른다. 섬들이 미국과 캐나다의 경계 사이에 있어서 일부는 미국 뉴욕 주에 속하고 일부는 캐나다의 온타리오 주에 속한다. 싸우전드 아일랜드는 캐 나다 5대 절경에 뽑힐 만큼 아름다운 풍경을 가진 것으로 유명하며 과거 인디언은 이 싸우전드 아일랜드를 '신의 정원'이라고 불렀다. 대부분 개인 소유라서 섬 위에 지어진 아름다운 개인 별장을 볼 수 있다.

싸우전드 아일랜드 섬 중 유명한 섬으로는 '하트 섬'이 있다. 이 섬이 유명한 까닭은 모양이 심장을 닮아서이기도 하지만 그보다 이 섬에 얽힌 이야기 때문이다. 이 섬에는 미국의 한 부호가 자신의 부인에게 밸런타인 데이에 선물 하기 위해 지은 '볼트 성'이 있다. 볼트 성은 완공을 앞두고

한동안 공사를 하지 못했는데 그 이유는 부호의 아내가 심장마비로 갑자기 세상을 떠나버려서이다. 아내를 먼저 보낸 남편은 완공을 코앞에 둔 시점에서 그 성의 공사를 중지했다. 후에 하트섬을 싸우전드 아일랜드 브리지공사가 매입하여 볼트 성을 완공하였다. 이 성을 세운 남자의 슬픈 사랑이야기를 사람들이 잊지 못 할 만큼 볼트 성은 아름다운 모습으로 유명하다.

싸우전드 아일랜드 관련 사이트
www.visit1000islands.com

캐나다 안의 '작은 프랑스', 퀘벡

캐나다는 여러 문화가 어우러지는 곳이지만 개인적으로 그중에서도 두 가지 문화의 영향이 제일 크다고 생각한다. 한 가지는 영국 문화이고 다른 하나는 프랑스 문화이다. 캐나다라는 나라를 세운 나라가 영국과 프랑스라서 이 두 가지 문화의 영향이 제일 크지 않을까 생각한다. 캐나다에서 가장 '프랑스적인 모습'을 보고 싶다면 퀘벡으로 가는 것을 추천한다. 퀘벡은 '작은 프랑스'라는 별칭이 정말 잘 어울릴 만큼 온통 프랑스로 가득 차 있다. 거리에서는 유서 깊은 프랑스식으로 지어진 건축물과 프랑스 문화, 프랑스 언어 등을 느낄 수 있다.

유서 깊은 건물과 성벽, 프레스코 화벽화로 둘러싸인 퀘벡에서 가장 유명한 건물을 하나 뽑자면 '샤통 프롱트낙 호텔'이다. 1892년에 건물을 짓기 시작해 1983년에 이르러서야 완공된 이 호텔은 프랑스식 성을 참조하여 건설하였으며 퀘벡의 세인트 로렌스강이 내려다보이는 성곽에 위치하고 있다. 600여 개의 호화로운 객실과 아름다운 살롱으로도 유명하지만 굵직굵직한 역사적인 인물과 사건 때문에 유명하기도 하다. 캐나다 정부의 초청으로 미국 대통령 루스벨트와 영국 수상 처칠이 방문했으며 2차 세계대전 중 노르망디 상륙작전을 결정한 연합군 회의의 장소로 '노르망디 상륙작전'이 구상된 곳이기도 하다.

관광 선물 사기 좋은 시기! Boxing Day

캐나다의 Boxing day는 크리스마스 다음날로 12월 26일이다. 이날 대부분의 상점이 파격적인 할인 행사를 한다. 할인율이 50~80% 정도라 쇼핑을 하다보면 "이 가격에 이 물건이!" 하며 경악할 수도 있다. Boxing day는 상인에게는 재고정리의 기회를, 소비자에게는 저렴하게 물건을 살 기회를 주는 매력적인 날로 Boxing day를 기준으로 약 1, 2주가량 Boxing week라고 해서 물건을 저렴하게 판매한다.

특별한 주한 캐나다 관광청 원정대

주한 캐나다 관광청은 매년 "끝. 발. 원정대"를 모집하여 캐나다 원정대를 꾸려 여행자금을 제공한다. 관광청 사이트에서 "끝. 발. 원정대"의 블로그에 들어가서 원정대의 알차고 생생한 관광 정보를 얻을 수 있다. 또한 직접 원정대 참가 신청을 할 수 있으며 이에 관한 자세한 정보는 주한 캐나다 관광청 사이트를 참조하기 바란다.

주한 캐나다 공식 관광청 사이트
www.canada.travel

캐나다에서 운전하기

캐나다 운전면허증으로 교환하기

　캐나다에 가기 전 내가 들었던 유언비어 중 하나는 캐나다는 집과 집 사이가 너무 멀리 떨어져 있어 차가 없으면 옴짝달싹도 못한다는 것이었다. 하지만 그것은 내가 살아본 결과 꼭 그렇지는 않은 것 같다. 동부 최말단의 섬에서도 살아봤지만 버스가 동네 구석구석 다녀서 정말 오지가 아니면 차가 없어도 일상생활에 큰 불편은 없다. 다만 여행 등의 장거리 이동을 할 때 차를 빌리기 위해서 운전면허증이 필요하다. 이때, 한국 운전면허증으로는 차를 빌릴 수 없고 국제 운전면허증이 있어야 빌릴 수 있다. 단, 캐나다 각 주별 국제 운전면허증의 유효기간이 다르므로 그 기한을 넘기면 사용할 수 없다. 따라서 주에서 발급해주는 운전면허증을 발급받는 편이 좋다.

　우리나라는 브리티시 콜롬비아 주, 앨버타 주, 서스캐처원 주, 마니토바 주, 온타리오 주, 퀘벡 주, 뉴펀들랜드 래브라도 주, 프린스 에드워드 아일랜드, 뉴브런즈윅 주, 노바스코시아 주 등과 운전면허 상호인정 협약을 체결하였기 때문에 우리나라 운전면허증 소지자라면 별도의 교육이나 시험 없이 교환이 가능하다.

운전면허증 교환 방법

앨버타 주 한국 운전면허증을 앨버타 주 보통 운전면허증인 Class5로 교환해준다. 이때 필요한 것은 한국 운전면허증과 국제 운전면허증 원본, 영문 운전경력 증명서이다. 단, 국제 운전면허증이 없는 경우 가까운 대한민국 총영사관에서 공증을 받아야 한다. 영문 운전경력 증명서는 민원 24 홈페이지를www.minwon.go.kr 통해 발급 받을 수 있다. 발급은 가까운 등록 사무소Registry를 찾아가서 하면 된다. 지역 내 가까운 등록 사무소를 찾는 방법은 Yellow pages라고 불리는 전화번호부의 License & Registry란에서 찾을 수도 있고 사이트http://www.servicealber-ta.ca/1641.cfm에서 검색할 수도 있다.

온타리오 주 온타리오에서 운전면허증을 교환할 경우 먼저 토론토 주재 한국 총영사관에서 공증을 받아야한다. 이때 필요한 것은 운전면허증과, 여권과 비자, 수수료4.40CAD와 운전면허증 복사를 위한 잔돈이다. 총영사관 방문이 어려울 때는 우편으로도 일을 처리할 수 있다. 이에 관한 자세한 내용은 영사관 홈페이지에서 확인할 수 있다.www.koreanconsulate.on.ca 토론토 주재 한국 총영사관 방문 후에는 공증을 받은 번역인증 서

토론토 인근지역 면허증 교환 장소

* **Queen's Park Driver and Vehicle Office**
  777 Bay Street, Queen's Park, Toronto
  Ontario College Subway에서 하차

* **Metro East Driver Examination Centre**
  1448 Lawrence Avenue East, Unit 15Victoria Terrace Plaza North York, Ontario M4A 2V6

* **Downsview Driver Examination Centre**
  Main Floor, East Building, 2680 Keele Street, Downsview, Ontario, M3M 3E6

* **John Rodes Driver Examination Centre**
  7900 Airport Road, Brampton, Ontario L6T 4N8

류, 한국 운전면허증, 신분증명 서류여권, 영주권, 장기 비자 등를 소지하고 면허시험장Driver Examination Center을 방문하면 된다.

마니토바 주 마니토바 주에서는 운전면허 시험장에서 바로 교환이 가능하다. 이때 필요한 서류는 아래와 같다.

① 영문 운전경력 증명서Certificate of Driver's License 원본

* 사본 또는 팩스로 받은 것은 인정되지 않는다.

② 한국 운전면허증

③ 여권, 비자 또는 영주권 등 이민관련 자료

브리티시 콜롬비아 주 한국 운전면허증 원본과 여권, 비자와 공증 수수료4.40CAD 등을 준비하여 밴쿠버 주재 한국 총영사관에 가져가 공증을 받아야 한다. 공증은 직접 방문과 우편 중 선택 할 수 있다. 이에 관련된 자세한 사항은 주 벤쿠버 대한민국 총영사관 홈페이지 공증 부분에서 확인할 수 있다.http://can-vancouver.mofat.go.kr/kor/am/can-vancouver/consul/notary/index.jsp 공증 받은 서류를 갖고 가까운 ICBC Drive Service Centre에 가서 운전면허증을 교환받으면 된다. 거주지와 가까운 ICBC Drive Service Centre는 사이트http://www.icbc.com/locator/licensing.asp를 통해 찾을 수 있다.

캐나다에서 차 빌리기

필요한 것

거주 지역에서 가까운 차 렌트 가게에서 차를 빌릴 수 있다. 이때, 필요한 것은 여권과 국제 운전면허증혹은 지역 운전면허증, 한국 운전면허증, 신용카드이다. 신용카드가 캐나다 사회에서는 또 다른 ID로 쓰이기 때문에 렌트 비용은 대부분 카드로 결제한다.

나이에 따라 금액의 차이가 있다

나이에 따라 차를 빌릴 때 보험금의 차이가 있다. 일정 나이가 되지 않았을 때는 거절하기도 한다. 나의 경우 실제로 동네 차 렌트 가게에서 차를 빌리려고 했는데, 만 22세 미만이라는 이유로 거절당했다. 나이와 보험금에 관해서는 업체마다 다른 기준을 가지고 있으니 조사를 충분히 하고 결정하는 것이 좋다. 보험금은 하루 20CAD정도이고 차 빌리는 비용은 하루에 30~40CAD정도 이지만 동승인원과 성수기/비성수기, 업체에 따라 차이가 있다.

빌리는 장소와 반납 장소가 달라도 상관없다

대형 차 렌트 가게의 경우 전국적으로 지점을 두고 있어서 가까운 지점에 반납할 수 있다. 다만 빌리는 지점에 미리 말해야 한다.

캐나다에서 운전할 때 주의할 점

캐나다 국민의 운전 규범 준수는 아주 철저한 편이다. 주택 골목에서도 교차로가 있다면 대분의 운전자가 무조건 정지하여 좌우를 살핀 후 출발한다. 다음은 한국 총영사관이 공표한 캐나다에서 운전할 때 주의해야 할 점에 관한 지침이다.

① 정지 신호에서는 무조건 완전 정지해야 하며 교차로 정지 신호에서는 무조건 완전 정지한 후, 교차로에 먼저 진입한 차량 순서대로 출발해야 한다.

② 좌회전 시 좌회전 신호가 없는 교차로에서는 파란색또는 노란색 신호등이 켜져 있을 때 직진 차량이 우선 진행한 후, 좌회전이 가능하다.

③ 우회전 신호가 없을 때 우회전이 안 되는 구간이 있음을 주의해야 하며, 이 때 파란색 우회전 신호등이 나와야 우회전이 가능하다.

④ 신호등이 없는 도로에서 보행자의 횡단을 위해 설치한 빨간 신호등이 들어와 있을 때는 무조건 정지해야 한다.

⑤ 정식 신호등이 없는 도로에서 노란신호등X 표시이 깜빡이면 정지하여 보행자가 건너간 다음 좌우를 살피고 조심스럽게 출발해야 한다.

⑥ 캐나다는 시내도로는 대체로 40~60km, 고속도로는 80~100km의 제한속도를 엄격히 시행하므로 이 제한속도를 넘지 않도록 각별히 주의를 요망한다. 위반 시 벌금이 매우 비싸다.

⑦ 중앙분리대가 없는 도로에서 학교버스가 정차한 후, 정지 표시판을 세우면 양쪽 도로의 모든 차량은 무조건 정지해야 한다.

신호등이 없는 곳에서 꼭 건너야 할 때는 "안녕"하듯이 손바닥을 펴서 운전자에게 보여주는 것이 "잠깐 지나갈 테니 양해해 달라."는 의미이다. 따라서 건널 때는 급하게 건너지 말고 도로 사정을 살펴가며 조심히 건너며 차가 오고 있을 때는 손바닥을 펴서 양해의 의미를 전한다.

미국 관광 갈 때 필요한 ESTA 신청하기

　미국 관광을 가고 싶은데 미국 관광 비자가 필요할까? 일단 대답은 No! 이다. 우리나라는 미국의 비자 면제 프로그램에 가입되어 있어서 90일 이하의 관광이 목적이라면 관광 비자를 별도로 발급 받을 필요가 없다. 비자를 발급 받는 대신 ESTA전자여행 허가 시스템 홈페이지에서 여행을 할 수 있도록 허가를 받아야 한다. ESTA 홈페이지 주소는 다음과 같다. **https:// esta.cbp.dhs.gov/esta** 홈페이지에서 한글 서비스를 제공해주므로 한국어로 ESTA를 이용할 수 있다. ESTA를 통한 여행허가 신청은 유료이며 신용카드 등을 이용해 결제 할 수 있다.

　ESTA를 이용하려면 전자여권을 가지고 있어야 하며 신청은 미국여행을 하기 최소한 72시간 전에 해야 한다. 여행허가를 받고 미국에서 체류할 수 있는 기간은 최대 90일이며 여행 허가의 유효기간은 2년이다. 따라서 허가 받은 일로 부터 2년 안에 언제든지 사용할 수 있다. 정확한 '여행 허가 만료일'은 허가승인 페이지에서 확인할 수 있다.

　미국을 여행하지 않고 경유하는 경우에도 ESTA 신청을 해야 한다. ESTA 신청을 하지 않아 미국 공항에서 입국이 거부 되서 다시 캐나다로 돌아가는 불상사가 없도록 해야겠다. 나는 여행허가를 캐나다 가기 전에 신청했지만 미국여행을 하지는 않았다. 하지만 ESTA를 통해 여행허가를 미리 받아놓았기 때문에 귀국 시 샌프란시스코를 경유하는 표를 살 수 있었다.

캐나다 관광 수기

안녕하세요! 저는 주태건입니다. 저는 약 1년간 캐나다 여행 및 어학 연수를 다녀왔고 현재 대학원에서 공부를 하고 있습니다. 캐나다의 PEI, 뉴펀들랜드, 토론토, 퀘벡, 워털루 지역을 여행했습니다. 동부지역을 중심으로 여행해서 다음에 다시 갈 기회가 생긴다면 서부 쪽을 여행해 볼 생각입니다. 이 페이지를 통해 제가 여행한 곳들 중 기억에 남는 몇 곳을 소개 하고자 합니다. 전문 여행가는 아니지만 제 나름대로 계획을 짜서 몇 달간 한 여행이고, 비록 혼자 떠났지만 이 여행을 통해 많은 친구들을 사귀었기 때문에 제겐 나름 큰 의미를 가지고 있습니다. 이 글을 통해 제 기억에 가장 남는 PEI와 몇몇 인상 깊었던 곳을 소개하려고 합니다.

PEI(Prince Edward Island)

예전부터 캐나다에 간다면 PEI를 꼭 가고 싶었기 때문에 제일 먼저 가게 되었습니다.

　PEI는 캐나다 동부에 위치한 섬으로 매우 아름다운 자연환경을 가지고 있으며 우리가 잘 아는 《빨강머리 앤》이라는 소설의 배경으로 유명한 곳이기도 합니다. 또한 캐나다에서 가장 작은 주라고 합니다. 제주도와 크기를 비교하자면 4배 정도 크다고 합니다.

　PEI가 캐나다 동부 말단에 위치하다 보니 인천공항에서 가는 길은 멀고도 험했습니다. 다음은 그 과정입니다.
대한민국 인천공항→일본 나리타 공항비행시간 약 2시간 소요→캐나다 토론토 공항대기시간 3시간, 비행시간 약 12시간 소요→캐나다 몬트리올 공항대기시간 3시간, 비행시간 약 1시간 소요→캐나다 샬롯타운 공항대기시간 2시간, 비행시간 약 1시간 30분 소요

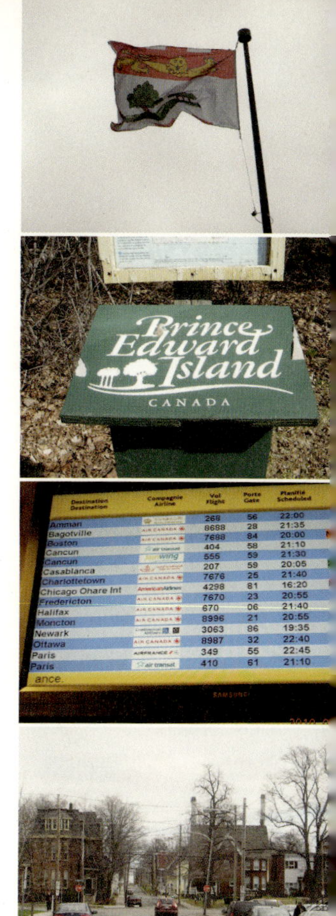

　그 당시에는 앞으로 6개월 후 다시 한국으로 돌아가는 일이 걱정 될 정도였습니다!

　PEI의 분위기는 매우 좋습니다. 사람들도 매우 친절합니다. 건물이 아담하지만 고풍스러운 모습을 하고 있습니다. 건물은 보통 1, 2층으로 이루어져 있고, 3층 건물을 보면 신기해서 쳐다볼 정도입니다.

　주 수도인 샬롯 타운Charlotte town에는 주정부 청사인 프로방스 하우스Province House가 위치하고 있습니다. 프로방스 하우스는 1867년 영국의 식민지 상태에서 캐나다 자치령으로 독립할 때 의회가 처음으로 모여 일을 처리한 곳으로 캐나다로서는 역사적인 도시이자 역사적인 건물입니다.

　프로방스 하우스 앞에는 사진처럼 한국전 참전 용사비

가 세워져 있습니다. 캐나다를 비롯하여 이곳 PEI에서도 6.25전쟁 때 많은 수의 군인들이 도와주러 우리나라에 왔으며, 수많은 젊은이가 피를 흘렸다고 합니다. 저도 잠시나마 그들 앞에서 묵념을 하였습니다.

PEI는 작지만 참으로 아름다움을 간직한, 평화로우며 아늑한 섬입니다. 섬 전체가 평지이거나 낮은 구릉지대입니다. 도로를 따라 이동하다 보면 한가로운 농촌을 볼 수 있고, 끝없이 펼쳐지는 밭들과 민들레 평원을 만끽할 수 있습니다.

공기 역시 굉장히 맑습니다. 집 앞에서 들이키는 공기가 마치 산 정상에서 들이키는 공기 같습니다. 그래서 숨을 크게 쉬어 들이킬 수 있는 만큼 신나게 들이킵니다. 그렇기에 밤에는 별이 아주 밝습니다. 후에 토론토에서는 별을 보기 어려웠습니다. PEI의 밤하늘을 올려다보는 것이 제 소소한 취미생활이었습니다.

국도를 타고 이동하면 크고 작은 호수를 많이 볼 수 있습니다. 낚시 면허증을 구매하면 어느 곳에서든 평온하게 낚시를 즐길 수 있습니다. 공기뿐만 아니라 물도 어찌나 맑고 물고기도 얼마나 많던지 도구를 사용하지 않고 바구니로 퍼도 많이 잡을 수 있습니다.

PEI는 여름이 되면 일본인 관광객으로 붐빕니다. 이유는 한국에도 잘 알려져 있는 《빨강머리 앤》의 배경지가 바로 이곳이기 때문입니다. 또한 작가 루시 몽고메리Lucy Maud Montgomery의 고향이기도 합니다. 《빨강머리 앤》의 원제는 "Anne of Green Gables"로 "푸른 지붕 집의 앤"이라고 합니다. PEI의 넓게 펼쳐져 있는 평원과 잘 어울리는 제목입니다.

PEI는 《빨강머리 앤》의 배경지로도 유명

하지만 또한 바닷가재
도 유명한 곳입니다. 세
계 바닷가재 시장에 대
부분을 공급하고 있는
본거지라고 하네요.

실제로도 굉장히 쌌
습니다. 평균가가 1파
운드, 0.45kg에 7CAD,
조금 덩치가 좋은 녀석
이다 하면 8CAD. 제철
이 되면 더 싸진다고 하
는데, 1파운드에 5CAD
정도에 거래된다고 합
니다.

바닷가재가 큰 집게를 가지고 있는 만큼 바닷가재를 잡는 그물은 상당
히 강합니다. 사이사이 뚫려있는 입구로 바닷가재가 들어가면 꼼짝달싹
못하고 잡히고 맙니다.

PEI 말고도 기억에 남는 다른 곳을 소개하자면 다음과 같습니다.

토론토 CN 타워

토론토에 위치한 CN타워는 높이 553m로 세계에서 손꼽히는 높은 탑입
니다. 양 옆으로는 컨벤션센터, 스카이돔, 야구경기장 등이 있어 관광객
외에도 많은 사람들의 발걸음이 끊이지 않는 곳입니다.

이용요금은 코스에 따라 다르지만, 많은 관광객은 보통 꼭대기 층인 스
카이 포드Sky pod까지 올라갑니다. 스카이 포드에서는 토론토 전역을 한

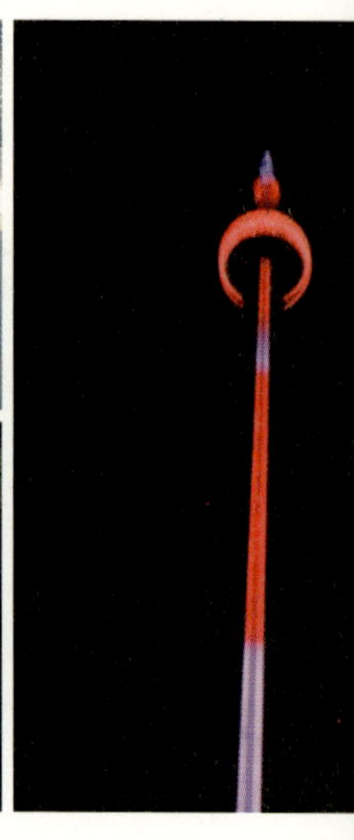

눈에 볼 수 있고, 맑은 날이면 120km 떨어져 있는 나이아가라 폭포까지 확인할 수 있다고 합니다.

던다스 스퀘어

토론토 시내의 중심, 던다스 스퀘어DunDas Square입니다.

많은 백화점 등을 비롯하여 쇼핑거리와 먹을 것으로 가득한 거리입니다. 여러 행사와 축제, 퍼포먼스 등을 구경할 수 있습니다.

캐나다 폭포의 간판인 나이아가라 폭포. 미국 국경지역과는 서로 마주하고 손을 흔들면 서로를 인식할 수 있을 정도로 가깝습니다. 미국 쪽에서 바라보는 폭포보다는 캐나다 쪽에서 바라보는 폭포가 더 아름답다고 정평이 나 있죠. 배를 타고 폭포 바로 밑까지 접근 할 수 있는데, 폭포가 크기도 하고 가까이 접근을 하니 많은 물이 튈 수밖에 없습니다. 배를 타기 전에 승객 모두에게 파란색 1회용 우비를 나눠주는데 승객들은 한 명도 빠짐없이 우비로 자신의 몸을 보호합니다.

밤이 되면 여러 곳에서 빛을 쏘아 폭포를 비추며, 폭죽을 쏘아 올려 밤하늘을 불꽃으로 수놓습니다. 엽서에서 볼 수 있는 나이아가라의 야경은 과장광고입니다! 하지만 기대보다는 못해도 충분히 아름다운 광경입니다.

퀘벡의 노트르담 성당

노트르담은 불어로 "성모 마리아"라는 뜻을 가지고 있습니다. 퀘벡의 노트르담 성당은 두 번이나 화재로 불에 탄 아픔이 있는 성당이지만 그 내부가 매우 화려화고 아름답습니다.

더 소개하고 싶은 곳들이 많지만 여기서 마치려고 합니다. 우리는 각종 매체를 통해 가본적이 없는 세계의 많은 여행지에 관한 정보를 무한대로 제공받습니다. 하지만 중요한 것은 "아는 것보다 체험하는 것"이라고 생각합니다. 캐나다는 면적이 넓은 만큼 너무나 다양한 모습을 하고 있습니다. 아직 보고 오지 못한 매력들이 많아서 저는 꼭 시간을 내서 다시 캐나다에 찾아갈 계획입니다. 너무나 많은 매력을 담고 있는 이 나라를 미흡하나마 제 글을 통해 여러분께 감히 추천합니다.

11

외국인 친구와의 인터뷰

캐나다인 룸메이트 페니

자기소개를 해주세요!

I'm Penny, I'm 30, and am always on the go. I'm pretty friendly and outgoing, and rarely get angry. I'm pretty open to new things, so I'll try (almost) anything once. I love to talk, and ramble on with no goal sometimes when I talk, so sorry my answers are so long!!

저는 페니입니다. 나이는 서른 살이고 매일 쉬지 않고 활동하는 성격입니다. 저는 친근하고 외향적이며 화를 잘 내지 않는 성격입니다. 새로운 모든 것에 관해 매우 열려 있습니다. 새로운 것을 보면 한 번씩은 시도하려고 하죠. 저는 말하는 것을 좋아하고 딱히 정해놓은 주제 없이 장황하게 말하기도 한답니다. 제 대답이 너무 긴 것 같아 미안해요!

다른 나라에서 온 친구랑 사는 것은 어땠나요?

I actually had lived with a girl from Germany in my third year of University. I really liked the experience, since I've never been out of Canada, I figured I could still get a learning experience with living with someone from a different country. The same logic was with me when the opportunity came for me to have Emily for a roommate. :)

제가 대학교 3학년 때 독일에서 온 친구와 살았답니다. 저는 캐나다 밖으로 나가

본 적이 없어서 다른 나라에서 온 친구와 사는 것을 매우 좋아했답니다. 저는 다른 나라에서 온 사람과 사는 것을 통해 무언가를 배운다는 것을 깨달았습니다. 역시 에밀리(저자)와 살 때도 그랬고요.

에밀리와 관련된 재미있는 에피소드가 있나요?

I have lots of memories with Emily. I think the one that stands out the most is when I took her to a party at Crystal and Neil's. I think it was her 3rd day in PEI……. I said beer pong with a bottle of wine was a bad idea. When she ended up in Crystal's bathtub with the shower curtain on top of her, I knew she had her initiation with my friends nice and early lol. I really miss our nights where we'd just sit around and talk about pretty much anything. I think that was the most learning experiences with both of us, when we just sat around and asked each other questions. Some nights, it was questions we wouldn't DARE ask anyone else. hehe

저는 에밀리와 많은 추억이 있습니다. 그중에 가장 생각나는 것은 제가 그녀를 제 친구인 크리스탈과 네일의 파티에 데려갔을 때 입니다. 제 생각으로는 그때가 그녀가 PEI에 온 지 3일째 되는 날이었던 것 같습니다. 저는 와인으로 하는 비어퐁 게임은 좋은 아이디어가 아니라고 말렸습니다. 그녀는 결국 술에 취해 크리스탈의 욕조에서 커튼을 휘감았죠. 그렇게 우리는 일찍 친구가 될 수 있었습니다. 저는 우리가 앉아서 했던 모든 이야기를 그리워합니다. 그렇게 이야기 했던 것들이 서로에게 많이 도움이 되었다고 생각합니다. 앉아서 서로 궁금한 것들을 물어보고 대답하고 했죠. 우리는 가끔 다른 누구에게 쉽게 물어보기 힘든 짓궂은 질문들을 서로에게 던지고는 했답니다!

룸메이트를 고를 때 가장 신경 쓰는 것은 무엇인가요?

Since I'm pretty friendly, my biggest concern was trustworthiness of a roommate, since I have a LOT of stuff. When Simon asked if it was ok for Emily to live with me, I didn't have any hesitation, since I knew he wouldn't ask if she couldn't be trusted with my stuff. I also think my roommate and I need to be able to get along.

제가 사람을 좋아하다 보니 가장 신경 쓰는 부분은 룸메이트와의 신뢰성입니다. 사이먼(저의 또 다른 캐나디인 친구입니다)이 에밀리를 룸메이트로 맞이하겠느냐고 했을 때 전혀 망설임이 없었습니다. 왜냐하면 그가 저에게 신뢰성 없는 사람을 권할 리가 없었거든요. 룸메이트가 신뢰성을 준다면 저 또한 룸메이트와 잘 지내려고 노력하는 편입니다.

친구를 사귈 때 가장 중요하게 보는 것은 무엇인가요?

I look for loyalty and trustworthiness in friends. Trust is a huge thing for me, since it's been part of my answer for the last 2 questions. I don't want a friend who is always taking, but never giving in return. That isn't a friend. I know in the last 5 years, I've met REAL friends, ones that I don't need to talk to everyday, but that I know will be in my life for a very long time. My definition of a friend is someone you don't need to speak to daily, but when you do talk, you catch each other up on any news, and continue your conversation as if you HAVE spoken to each other every day. I have lots of people like that in my life, and am great for each and every one of them.

저는 신뢰성과 충실성을 봅니다. 믿음은 저에게 가장 큰 부분입니다. 저는 받기만 하고 주지 않는 친구는 그다지 좋아하지 않습니다. 지난 5년간 진실한 친구들을 만났습니다. 그들은 제가 매일 얘기할 필요는 없지만 내 인생에 오랫동안 남아있을 친구들입니다. 친구에 관한 저의 정의는, 친구란 매일 얘기할 필요는 없지만 오랜만에 만나 얘기해도 서로 잘 통하며 마치 매일 만난 것 같은 사람이라고 생각합니다. 저는 이런 친구가 많고 그들 모두에게 감사함을 느낍니다.

다른 나라에서 온 친구를 사귀는 것은 어떤가요?

Having a friend from another country is something I really think everyone should have. Not only do you get to learn about other cultures, you also get to teach about your culture. Things you normally take for granted because you do them all the time, are sometimes fascinating to someone from another country, who never gets the experience. I learned a lot from living with Emily, and I'm sure she learned a lot from me as well.

다른 나라에서 온 친구를 사귀는 것은 모든 사람이 해봐야 할 경험이라고 생각합니다. 다른 나라의 문화에 대해서 배울 수 있을 뿐만 아니라 서로의 문화를 가르칠 수도 있습니다. 당신이 매일 하는 아무렇지도 않은 일이 그런 경험이 없는 다른 나라 사람에게는 엄청 매혹적인 그 무엇으로 보일 수 있죠. 저는 에밀리와 살면서 많은 것을 배웠습니다. 에밀리도 그랬겠죠?

다양한 국적의 친구들

인터뷰 참여자

히데미
일본인

알렉산드리아
멕시코인

케빈
중국인

아델라
폴라드인

케빈(중국인)

My name is Kevin. I am 22 years old. I was born and raised in China. I am now studying at the University of Ottawa for MSc in biology.

안녕하세요. 제 이름은 케빈이고 22살입니다. 중국에서 태어나고 자랐어요. 저는 오타와 대학에서 생물학 석사과정을 밟고 있습니다.

아델라(폴란드인)

My name is Adela. I live in Canada and I am 23 years old.

안녕하세요. 제 이름은 아델라이고, 23살이며 캐나다에 살고 있습니다.

알렉산드리아(멕시코인)

Hi, my name is Alexandra Barron. I am 22 years old and I was born in Mexico. I've been leaving in Canada. In 2009, I came to Canada to improve my English, it has been fun to learn a completely new language around people from different places around the world. In my personal experience, Asian people have always been around me and I feel comfortable being with them. They are smart and helpful, funny and cute also really nice with everybody. I'm an active person. I like to learn new things everyday, love cookies and also I love to sing and meet my friends. I love to meet many people and observe them because I like to learn new things from nice people like Emily.

안녕하세요. 제 이름은 알렉산드리아 바론입니다. 저는 22살이고 멕시코에서 태어났어요. 저는 캐나다에서 살고 있어요. 2009년에 영어실력을 향상시키기 위해 캐나다로 왔답니다. 세계 각국에서 온 사람들을 만나 새로운 언어를 배우는 것은 매우 즐거운 일입니다. 아시아 사람들은 언제나 제 곁에 있어주었어요. 저는 그들 곁에 있으면 편안함을 느낀답니다. 그들은 똑똑하고 잘 도와줍니다. 재미있고 매력적이며 모든 사람한테 잘해주죠. 저는 사교적인 사람이고 새로운 것을 배우는 걸 좋아해요. 쿠키도 좋아하죠. 노래하는 것도 좋아하고 사람들 만나는 것도 좋아해요. 많은 사람을 만나 그들을 관찰하는 것도 좋아하죠. 왜냐하면 관찰하면서 배우니까요. 특히 에밀리같이 좋은 사람에게선 말이에요.

Hello, Nice to meet you all. My name is Hidemi Sawada from Japan. I like to meet new friends and see new world!

안녕하세요. 모두 만나서 반가워요. 내 이름은 히데미 사와다이고 일본입니다. 저는 새로운 친구들을 만나고 새로운 세상을 보는 걸 즐기죠!

한국인 중에 아는 사람이 있다면 한국인에 대해 어떻게 생각합니까?

Yes, I know a friend from Korean. Her name is Emily. I think Korean people are friendly and easy to get along with

네 저는 한국 친구를 한명 알죠. 그녀의 이름은 에밀리에요. 제 생각에는 한국 사람들은 친근하고 친해지기 쉬워요.

I've had many friends from korea, I love them!

한국에서 온 많은 친구들을 알고 있으며 전 그들이 정말 좋아요!

한국말 중 아는 것이 있나요?

I don't know well. I always mess up with Japanese words and Korean words.

잘 몰라요. 전 항상 일본말과 한국말을 혼동한답니다.

I dont know any korean language. I think its hard to learn like most of asian languages :) I know some word in Korean. My friend Emily told me :P can't remeber it very well "toucha" ?

저는 한국말을 몰라요. 제 생각에는 대부분의 아시아계열의 언어들은 제가 너무 배우기 힘든 것 같아요. 에밀리가 몇 개 알려준 것 같은데 기억이 안나요. "또 자?" 였나?

Yeah, chingoo! and annyong haseyo. I remember Emily made fun of me because the way I said it sounds funny to you lol

그럼요! "친구" 그리고 "안녕하세요." 에밀리가 제가 한국말 발음하는 게 웃기다고 놀렸던 일이 기억나네요!

히데미(일본인)

I can say few Korean words, but I can't write them down. GOMAOYO.

한국말 조금 알아요. 그렇지만 쓸 수는 없네요. "고마워요."라고.

친구를 사귈 때 가장 중요하게 생각하는 것은 무엇입니까?

케빈(중국인)

Their personality, their qualities such as honesty!

그들의 인간성을 봅니다. 예를 들면 정직성!

아델라(폴란드인)

The most important thing I look in a friend is loyalty.

흠 무엇보다도 그들의 충실성이죠!

알렉산드리아(멕시코인)

I look for somebody who is fun to be with, trustful and smart. I also look for somebody who has the same interests, crazy in the way, someone that I know he will be there when I need him.

저는 같이 있으면 즐겁고 믿을 만하며 똑똑한 친구를 원합니다. 또한 저는 공통관심사를 가지고 있었으면 하고 제가 필요할 때 있어줄 친구를 원해요.

히데미(일본인)

I think friends should understand each other! Also, friends should have sort of love to each other. :)

제 생각에는 친구는 서로를 이해해야 합니다. 또한 친구들은 서로에 대해 진심으로 생각해야합니다.

다른 나라에서 온 친구들을 사귀는 것은 어때요?

케빈(중국인)

It feels really good to have a diverse friendship circle.

다양한 배경의 친구들을 만드는 건 정말 좋은 경험이라고 생각합니다!

히데미(일본인)

It is wonderful and fun!!

환상적이고 정말 즐겁죠!!

workingholiday
12
나의
에피소드

Let's Play!

　한국에 있을 때의 에피소드이다. 캐나다에 가기 전의 일이므로 그 당시 나의 영어는 형편 없었고 학교에서 외국인 교환학생을 도와주는 봉사 동아리에서 일했지만 나의 영어 실력 때문에 외국인 친구는 한국말을 잘하는 일본인 코타로 밖에 없었다.

　어느 날 코타로가 외국인 산악 동아리에 나를 데려갔다. 등산을 그다지 좋아하지 않지만 외국인 산악동아리라는 그 특별함에 끌려서 한번 참가하기로 했다.

　당시 무슨 산이었는지 잘 기억나지 않지만, 내게는 높은 산이었던 것으로 어렴풋이 기억이 남아있다.

　산에서 내려와 막걸리를 마시면서 옆에 있던 백인 남자 두 명과 친해져 이야기를 나누었다.

　안 되는 영어로 자기소개를 하고 산이 힘들었다는 것을 나타내기 위해 오만상을 다 써 가며 보디랭귀지로 말하기도 하면서 겨우겨우 대화를 이어 나가다 나중에 다시 만나서 놀자고 말하고 싶어서 "Let's play, later." 라고 하자 다들 나를 이상한 사람 보듯이 쳐다보았다. 내가 어리둥절한 표정을 하자 다들 그저 웃기만 하는 것이 아닌가.

　나는 무슨 일인가 싶어서 가만히 있는데, 나를 보고 웃지 않던 한 친구가 나에게 'play'가 성적인 의미가 있다고 알려주었다. 그 때는 "Let's play!"가 아니라 "Let's hang out!"을 사용해야 맞다고 이야기해주었다.

그 친구가 내 첫 번째, 캐나다 친구인 사이먼Simon이다. 이 후에 사이먼과 친해져 많이 놀러 다녔다. 사이먼 덕에 캐나다에 관심을 가지게 되고 지금에 이르게 된 것 같아 사이먼은 내게 항상 고마운 친구이다.

《빨강머리 앤》의 섬
PEI와 "HI"

내가 갔던 PEI는 《빨강머리 앤》의 배경으로 유명한 캐나다의 관광 섬으로 제주도 같은 분위기의 섬이다.

내가 PEI에 가게 된 이유는 나의 첫 캐나다 친구인 사이먼이 사는 곳이기도 하고 아름다운 관광섬에서 영어를 배우고 싶은 마음도 있었기 때문이다. 사이먼의 가족은 나를 매우 환영해주었다. 가족 식사에 나를 자주 초대해주고 PEI생활에 대해 여러 가지 정보를 주기도 했다. 사이먼의 가족처럼 PEI에 사는 사람들의 인심은 정말 좋은 편이다.

한 가지 예를 들자면, PEI에서 사이먼과 거리를 걷고 있었는데 처음에 낯선 사람이 내게 방긋 웃으면서 인사하기에 속으로 저 사람이 미친것이 아닐까 의심했었다.

하지만 친구 사이먼이 PEI는 낯선 사람이라도 서로 눈이 마주치면 "HI" 하고 인사를 한다고 했다. 그래서 나도 해보겠다고 결심하고 낯선 사람에게 "HI"를 시도했다. 처음에는 거리가 너무 멀어서 실패, 두 번째는 맞은 편에서 걸어오는 사람이 이어폰을 끼고 있어서 실패, 세 번째는 너무 가까워서 실패했지만 결국 4번 정도의 실패 끝에 성공했다. 그 다음부터는 식은 죽 먹기였다.

낯선 사람에게 조차 눈을 마주치면 인사하고 최소한 방긋 웃어줄 정도로 PEI는 친절한 곳이었고 PEI의 사람들이 지니고 있는 친절함과 따뜻함은 타국생활을 하는 나의 외로움을 덜어주었다.

토론토 같은 대도시에서는 낯선 사람에게 "HI"하며 인사를 건네지 않
지만 PEI에 간다면 낯선 사람에게 여러분도 한번 "HI"하고 인사를 건네
보시길!

재미있는 친구
저스틴과 'Cinnamon roll'

PEI에서 내가 만든 언어 교환 동아리를 통해 친해진 친구 중 저스틴이라는 친구가 있다. 저스틴은 캐나다인으로 정말이지 너무 착하고 재미있는 친구이다. PEI에 있을 동안 거의 매주 어울려 놀았기 때문에 이 친구와의 에피소드가 너무 많다. 종종 바닷가에 가서 놀기도 하고 이 친구 자동차로 자동차 영화관에서 영화도 보고 참 재미있었다. 저스틴과 자동차 영화관에 갔을 때, 모기가 너무 많아서 저스틴이 몸에 뿌리는 살충제를 자신에게 뿌려달라고 나에게 부탁했었다. 이때 내가 너무 많이 뿌리는 바람에 하루 종일 기침한 적도 있었다. 또한, 바닷가에서 집에서 땔감나무를 훔쳐다가 같이 캠프파이어를 한 적도 있다.

한번은 내 영어 발음을 고쳐주겠다며 시나몬 롤Cinnamon roll 발음을 하루 종일 연습시킨 적도 있다. R 발음이 잘 안 되는 나를 위해 고른 단어인 듯 했다. 나랑 눈만 마주치면 "시나몬 롤" 발음을 해보라며 장난을 치기도 했다. 결국 며칠간 나에게 시나몬 롤을 발음하는 방법을 가르치고는 캐나다의 유명 커피점인 팀 홀튼에서 나에게 대망의 시나몬 롤을 직접 주문하라고 했다. 과연 한 번에 종업원이 내 발음을 알아들을 수 있을까? 두근두근 했지만 걱정과는 달리 쉽게 알아들었다. 저스틴은 뒤에서 가만히 엄지를 추켜올렸다.

자동차 운전

나는 캐나다에 가기 전 자동차 운전면허를 취득했지만, PEI에선 22세 미만은 차를 빌릴 수 없었다. 하지만 이런 내게도 운전을 할 기회가 있었다. 페이에 있을 때, 일본인 친구 히토미를 알게 되었는데 히토미가 일하고 있는 숙박업소에 묵고 있던 유키라는 일본인 친구와 친해졌다. 유키는 워킹홀리데이를 통해 농장에서 일하고 스키장에서 번 돈으로 PEI에 관광 목적으로 와서 나보다 PEI에 대해서 더 잘 알았다.

유키는 페이에 있는 《빨강머리 앤》으로 유명한 지역인 그린 게이블스 Green Gables에 가고 싶어했다. 내가 살던 샬롯 타운은 동쪽이었고 그린 게이블스는 페이 서쪽 캐번디시Cavendish라는 곳에 있었다. 차로 이동해야 하기 때문에 만 22세가 훌쩍 넘은 유키가 자기 이름으로 차를 빌리고 렌트 비용은 반반씩 부담하기로 했다. 차를 빌렸는데 유키 혼자 운전시키기도 미안하고 또 한 번쯤은 운전을 해보고 싶어서 나는 유키에게 운전을 해보겠다고 했다. 사실 PEI에서 운전하는 건 처음이 아니었다. 처음은 저스틴의 트럭을 몰다가 2분 만에 저지당했다.

차를 타고 캐번디시로 향하는데 그 과정은 한 마디로 좌충우돌! 나는 횡단도로에서 제대로 정지하지 못해 사람을 칠 뻔도 하고 깜빡이를 켜지 않고 우회전을 해서 내 뒤에 있던 모든 차들을 충격 상태에 몰아넣기도 했다. 일본인 친구 유키는 한 손은 보조 손잡이를 잡고 다른 한 손은 안전벨트를 꽉 붙잡은 채 자신이 운전하겠다고 했지만 나는 연이은 실수에도 불구하고 '이때가 아니면 언제 한번 몰아보리.' 하는 마음으로 차를 계속해서 운전했다.

결국 우여곡절 끝에 목적지에 도착하여 소설 《빨강머리 앤》에 나오는 앤의 집을 그대로 재현한 곳도 보고 바닷가 근처의 전망 좋은 곳에서 밥도 먹고 샬롯 타운으로 돌아와 둘이서 칵테일 한잔씩 하면서 즐거웠던 하루를 마무리했다. 여행이 좋은 점은 위험천만한 경험도 여행 중 눈에 담은 아름다운 풍경들과 함께 '소중한 추억'으로 기억 속에 자리 잡기 때문이 아닐까 싶다.

호러 퀸 룸메이트
Penny

　페니는 PEI에 있을 때, 같이 살던 캐나다인 룸메이트이다. 근 6개월간 같이 살았기 때문에 페니에게 영향을 받은 부분이 많다. 특히 페니는 두 가지 면에서 나에게 큰 영향을 끼쳤는데 한 가지는 "비속어"이고 또 한 가지는 "호러 영화"이다. 내 룸메이트는 재미있는 영어 비속어들을 많이 가르쳐 주었는데 그 중 기억에 남는 단어는 "fucking the dog"이다. "fucking the dog"을 들었을 때, 나의 충격은 꿩장히 컸다. "개랑 뭐~!!" 하지만 이 말의 뜻은 "doing nothing" 아무것도 안 한다는 뜻이라고 페니는 친절하게 알려주었다. 영어 비속어 같은건 학원에서는 가르쳐 주지 않아서 배우기도 어렵고 막상 들었을 때 알아듣기도 어려운데 페니와 살면서 나는 이 점들을 보안할 수 있었다. 영어 기피증 때문에 처음 방에 거의 처박혀 있다시피 했던 내게 이야기를 걸어주고 나를 파티에도 데려가 주면서 페니는 나의 영어 공부는 물론이고 캐나다 정착에도 많은 도움을 주었다. 이처럼 나에게 많은 도움을 준 페니에게는 특이한 점이 한 가지 있었다.

　그것은 바로 그녀가 엄청난 호러 영화 애호가라는 것이다. 그녀의 집에는 호러 영화가 한 벽면을 가득 메울 만큼 장식장에 진열되어 있다. 홈 파티 때, 종종 맥주를 마시면서 다 같이 호러 영화를 봤는데 호러 영화는 커녕 액션 영화도 잘 못 보는 나는 처음에 너무 적응하기 힘들어서 파티 도중에 방으로 피신했다. 하지만 인간은 역시 적응의 동물인가 보다. 한 두 편 보다보니 나중에는 내가 호러 영화를 자청해서 같이 봤을 정도로 푹

빠지게 되었다. PEI를 떠나기 전 친한 친구 중 한명인 히데미가 하룻밤 같이 보내고 나를 공항까지 바래다주겠다며 우리 집으로 왔다. 그때 페니와 나, 히데미 이렇게 셋이서 마지막 날에도 "Candy man"이라는 호러 영화를 한편 보았는데 나는 페니와 이미 프레디 시리즈를 정복했기 때문에 "Candy man"이라는 영화를 즐기면서 볼 수 있었다.

PEI의 과외 선생님 샌디

PEI에서는 영어학원을 한 달 다닌 후 다니지 않았지만, 영어학원보다 더 좋은 영어공부를 할 수 있었다. 어느 날, 내가 영어 과외 선생님을 구한다니까 대만 친구인 마크가 자기의 과외 수업에 공짜로 참관할 기회를 주었다. 샌디Sandy는 마크의 영어 과외 선생님이었는데 나이는 60대처럼 보였다. 그녀는 활기차고 당당하고 멋졌다. 페이사람 특유의 상냥함과 친절함은 기본 옵션인 것 같았다. 나는 마크와의 수업을 마치고 샌디의 수업 방식이 너무 마음에 들어서 그 다음 주부터 바로 수업을 듣기로 하였다. 한 달에 주 2회 2시간 반씩 해서 총 25CAD로 나는 정말 많은 것을 얻을 수 있었다.

그녀는 정말 다양한 자료를 통해 내가 영어회화의 기초를 쌓을 수 있도록 도와주었다. 그녀는 그녀의 가족사진, 신문, 잡지, 소설 책 등 다양한 자료를 가져왔고 나는 그 자료에 대한 생각들을 영어로 답해야했다. 틀리면 그녀는 나를 중지시키고 내게 올바른 영어를 가르쳐 주었다. 나는 그녀와 일주일에 5시간 정도 말하면서 영어 실력뿐만 아니라 원어민과의 대화에 자신감도 기를 수 있었다. 그녀는 내가 비록 떨어졌지만 커피 가게에 이력서를 낼 때, 추천인으로 자신의 정보를 제공해 주는 등 정말 많은 호의를 베풀어주었다. 그녀의 교실로 가는 길이 아직도 눈에 훤하고, 샌디가 항상 수업 전 한 손에는 커피를 들고 왔던 것이 기억난다. 내가 힘든 일을 겪을 때, 그녀는 마치 내가 자신의 손녀인 것처럼 같이 공감하고 위

로해주었다. 캐나다 문화에 관해서도 많은 것을 알려주었다. 마지막 날에
는 가까운 거리임에도 불구하고 집까지 데려다주었다.

첫날에는 마크가 가르쳐준 그녀의 사무실을 찾지 못해 30분가량 온 동
네를 미친 듯이 돌아다니며, 아무 건물이나 다 들어갔었던 기억, 수업 중
에 들었던 여러 이야기들, 말이 마차를 끄는 소리, 사무실 건물 밖 광장에
서 젊은 예술가들이 연주하던 음악 소리 등 많은 기억이 아직까지도 눈에
생생하다. 샌디와의 추억을 되새김질 하는 것은 나에게 PEI에 대한 그리
움을 불러 일으킨다.

안녕 PEI!

　PEI에선 정말 많은 일들이 있었다. PEI에서 내가 만든 언어 교환 동아리를 통해 많은 친구를 사귀었다. 중동 친구, 일본 친구, 중국 친구, 캐나다 친구 등등 PEI를 떠나는 마지막 날 나는 꼬박 7일 동안 친구들과 작별인사를 하느라 술을 너무 과하게 마셔서 마지막 전날은 거의 시체마냥 뻗어있었다. 마지막 전날은 짐을 쌀 계획이었는데 싸지 못하고 하루를 꼬박 죽은 듯이 누워 있었다. 그때, 히데미로부터 마지막 날 함께 집에서 머물다가 공항까지 바래다주고 싶다는 연락을 받았다.

　대망의 마지막 날, 나는 히데미와 함께 집에서 마실 술과 간식 등을 사서 놀다가 룸메이트 페니와 호러 영화를 시청하고, 히데미와 방에 들어가서 침대에 나란히 누워 잠을 청했다. 히데미는 워낙 빨리 잠에 들기 때문에 금방 잠들었지만, 나는 잠이 오지 않았다. 멀뚱하니 누워 있다 보니 아차, 노느라 짐을 덜 싼 것이 생각났다. 나는 서둘러 일어나서 짐을 쌌다. 또한, 생각해보니 내일 공항에 갈 택시비도 준비를 안 해서 새벽에 은행까지 다녀왔다. 은행에 가려는데 페니가 깨어있었다. 걱정이 되는지 여러 준비 사항에 대해 물었다. 다음날 아침에 일을 가야하는 페니는 잠자리에 들어야 했지만 우리는 조금 더 얘기를 하다가 포옹을 하고 작별인사를 했다.

　나는 아침까지 결국 잠이 오지 않아 PEI를 한 바퀴 둘러 본 후에야 떠날 수 있었다. PEI를 떠날 시간이 되었을 때, 내가 PEI에서 사귄 유일한 두 명의 한국 친구인 정연과 안나가 집에 찾아왔다. 새벽 5시쯤일까, 두 사람도 피곤할 텐데, 나는 미안하면서도 정말 고마웠다. 잘해준 것도 하나 없었기 때문이다. 나는 그다지 남을 잘 챙겨주는 성격도 아닌데다가, 한국 친구는 안 사귄다고 굳게 마음을 먹은 탓에 조금 매몰차게 대하고 멀리한 부분도 없지 않았을 텐데……. 공항에 도착해서 비행기 시간을 기다리면서 다 같이 음료수 한 잔씩을 마셨다. 그때, 친구들이 하나둘씩 선물을 건네주는 것이 아닌가. 정말이지 나는 지나치게 운이 좋은 것 같다는 생각을 했다.

히데미는 학을 접어 만든 큰 모빌을 주었다. 사실 해밀턴에서 끈이 끊어져서 다 가져올 수가 없어서 10개 정도만 한국으로 가져왔다. 정연이는 캔버스에 내 얼굴 그림을 그려주었다. 정말 명작이다. 안나는 나에게 사진 액자를 만들어 주었다. 정말 고마운 친구들의 배웅과 7일간의 즐거웠던 파티를 마치고 나는 대만인 친구 마크가 사는 해밀턴으로 향했다.

엄하지만 고마운 선생님 켄트

캐나다에서 만난 고마운 사람들이 너무 많지만 그중에서도 제일 고마운 사람을 한 명 뽑자면, 친구이자 멋진 선생님인 켄트Kent이다. 켄트는 해밀턴에 있을 때, 나의 담당 ESL 선생님이었다. 처음 봤을 때, 켄트는 좀 캐나다인답지 않은 구석이 있는 사람이라고 생각했다. 켄트는 정말 똑똑해서 나에게 영어 공부뿐만 아니라 다른 많은 조언을 들려주었는데 캐나다인답지 않게 지나치게 솔직하고 직선적인 면이 있었다.

어느 날 켄트가 수업 중 한눈을 파는 나를 때리려는 시늉을 했을 때, 다른 학생들이 놀라서 켄트가 나를 함부로 대한다며 비판했지만, 나는 그가 진심으로 나를 생각하고 있음을 알고 있었기에 전혀 기분 나쁘지 않았다. 그도 그럴 것이 TOEFL 시험이 얼마 남지 않아 과외를 해달라는 나의 부탁에 그는 거의 한달 반 넘게 250CAD라는 돈을 받고 주 3회에 세 시간씩, 한 주에 총 9시간 정도를 따로 돌봐줬기 때문이다. 거의 6주가량 했으니 1시간에 오천 원 정도로 1:1 영어 과외를 해준 셈이다. 게다가 가르칠 때는 녹음기, 스톱워치 등을 동원하여 시간까지 재면서 전략까지 짜주는 등 정말 최선을 다했다. 그 덕분에 나는 한 달 반 만에 캐나다 유수 대학의 TOEFL 커트라인을 넘길 수 있는 점수를 받을 수 있었다.

켄트는 정말 훌륭한 선생님일 뿐만 아니라 정다운 친구기도 했다. 수업이 끝나면 나를 종종 저녁식사에 초대했다. 켄트의 부인은 멕시코인으로 정말 아름답고 상냥한 분으로 나에게 친절하게 대해주었다. 한국에서도 유명한 멕시코 음식인 타코를 비롯하여 맛있는 음식들을 차려주었다. 나는 켄트의 아이들과도 친해져서 저녁식사를 마친 후에는 같이 놀기도 했다. 엄마 놀이를 하기도 했는데 강아지가 제일 편할 것 같아서 아이들이 엄마 역할을 줄 때마다 강아지를 하겠다고 우겼다. 켄트는 크리스마스 등의 중요한 날에는 나를 가족 식사에 초대 해주는 등 낯선 타국에서 내가 혹시 힘들어하지 않을까 많은 신경을 써주었다. 정말 멋진 스승이자 친구인 켄트에게 다시 한 번 고마움을 표현하고 싶다.

만다린과
오렌지

　나에게는 나탈리아Natalia와 알렉산드리아Alexandria라는 두 명의 친한 라틴 친구가 있다. 이 친구들은 해밀턴에 있을 때, ESL 수업에서 만났다. 이 두 친구를 통해 나는 간접적으로 라틴 문화를 접할 수 있었다. 라틴 문화는 우리나라 문화에 비해 좀 더 표현이 풍부하고 연애에 관해 개방적이다. 나탈리아와 알렉산드리아는 항상 헤어질 때, 포옹을 해서 처음에는 진짜 쑥스러웠다. 가슴라인을 강조하는 그들의 과감한 옷 스타일도 내게는 매우 어색했다.

　하지만 시간이 지날수록 비록 오랫동안 친하게 알고 지낸 사이는 아니지만, 그들의 표현하는 문화가 타국 생활의 고독을 잊게 해줄 만큼 따뜻하게 느껴졌다. 그들은 나에게 살사를 가르쳐주고 라틴 댄스 클럽에 데리고 가주면서 라틴 문화에 대해서 알려주었다. 또한, 만다린과 오렌지라는 흥미로운 은어에 대해서도 알려주었다. 만다린은 내 운명이 아닌 그저 스쳐지나가는 남자친구 정도로 해석하면 되고, 오렌지는 정말 평생을 함께 할 사랑이라고 한다.

　매일 흑인 친구 두 명과 나탈리아, 알렉산드리아와 함께 학원에서 밥을 먹었는데 나만 남자친구가 없어서인지 흑인 친구들이 매주 월요일마다 주말 동안 만다린은 좀 찾았냐고 놀렸었다.

　라틴 친구들은 만다린과 오렌지 말고도 '내 친구'라는 단어를 스페인어로 알려주었다. "Mi Amiga". 우리는 한국어와 스페인어로 서로 욕을 어떻게 하는지 가르쳐주기도 했지만 현재 내 기억에 남은 단어는 '친구'와 '잘 지내?' 같은 안부인사 몇 개가 고작이다. 캐나다에 돌아가면 다시 만나자고 현재도 계속 연락을 하고 있으니 다음에 만났을 때는 더 많은 스페인어를 배우고 싶다. 하지만 만나면 일단 인사부터 하겠지? "Hola, Mi Amiga. Comostas?" Hi, my friend. How are you?라고 말이다.

해밀턴에서 배운 것

PEI에서 캐나다 문화에 관해 배웠다면 해밀턴에서는 인생을 살아가는 방법을 조금 배웠다고 할 수 있을 것 같다. 엄했지만 사실은 엄한 것이 아니라 솔직하고 착했던 선생님이자 친구인 켄트로부터 다른 사람으로부터 도움을 얻는 방법에 대해 배울 수 있었다. 또한 공부 방법에 관해서도 여러 가지로 많이 배웠다.

콜롬비아 친구 나탈리아에게서도 많은 것을 배웠다. 나탈리아는 콜롬비아에서 수의대를 다니던 친구로 캐나다 명문 맥마스터 대학원의 실험실 조교로 매우 똑똑하고 준비성이 철저한 친구이다. 나탈리아가 방학을 맞이하여 콜롬비아로 돌아가기 전, 나는 그녀의 집에서 자게 되었다. 그녀의 가족이나 그녀의 친구들이 항상 도와주어서 나탈리아는 공항까지 혼자 가서 비행기를 타는 것은 처음이라고 했다. 나탈리아는 계획을 네 가지나 짰다. 공항버스를 놓쳤을 때 등등 여러 가지 경우를 생각해서 Plan A부터 Plan D까지 짜서 메모지에 하나씩 적어 지갑에 넣었다. 그리고 계획마다 귀퉁이를 접어 구분하였다.

나는 그것 외에도 많은 것을 배웠는데 모르는 것이 있으면 적극적으로 물어보는 자세를 배웠다. 집에서 학원에 갈 때, 같은 버스를 타기 때문에 종종 버스에서 만나는 경우가 있었다. 나탈리아가 어느 날 '주먹을 쥐다'가 영어로 궁금하다고 하였다. 나에게 물어보았지만 모르는 것은 나도 마찬가지였다. 나는 거의 자포자기 상태였다. 모르는 영어 단어는 산더미인데 어떻게 궁금한 걸 모두 알겠느냐 하는 심정이었지만, 나탈리아는 버스 안을 둘러보더니 한 아저씨에게 물어보는 게 아닌가.

그때까지 나는 낯선 이에게 말을 거는 것은 전혀 상상도 하지 못했다. 그런데 이 친구는 낯선 이에게 태연하게 물어보고 능청스럽게 대화를 이어나갔다. 그래서 '손을 뒤집다' 등 여러 가지 손과 관련된 표현들을 배웠다. 그녀는 이렇게 말했다. "모르는 게 있으면 물어보면 돼, 최악의 경우라고 해봤자 모르는 척 하거나 퉁명스럽게 구는 것뿐이니까." 나는 주위를 돌아보았다. 갑자기 내 주위를 스쳐가는 사람들이 모두 원어민 선생님으로 보였다. 그때부터 나는 능청스럽게 모르는 것을 주위 사람에게 물어보면서 더더욱 영어 실력을 키우는데 박차를 가할 수 있었다. 나탈리아를 만나서 준비성과 자신감에 대해서 많이 배웠다. 여행에서 여러 가지를 많이 배울 수 있다는 말은 거짓이 아니었다는 것을 정말 실감했다.

안녕 Canada!
다시 한국으로!

나는 해밀턴에 있을 때, 대만 친구인 마크의 집에서 살았다. 해밀턴에서는 거의 공부만 한터라, 정말 신나게 즐긴 적은 몇 번 없었지만 좋은 친구와 마크의 가족을 만나서 행복했다. 해밀턴을 떠날 때의 감정은 정말이지 시원섭섭했다. 대학 준비를 마쳤다는 그 후련함, 새로운 기회가 내게 주어질지도 모른다는 설렘과 동시에 내가 좋아하는 사람들을 뒤로 하고 다시 한국으로 돌아가야 한다는 서글픔이 같이 밀려왔다.

마크의 남동생과 그의 부모님은 나를 위해 프랑스 룸메이트와 가족 전체가 함께하는 식사를 준비해주었다. 마크의 아버지는 비싼 술을 준비하셨다. 식사를 하며 마크의 부모님이 장사를 하셨던 이야기를 들었다. 마크의 부모님은 자수성가한 대만의 사업가로 어머니는 유치원을 몇 개씩 운영하고 아버지는 목장을 경영했다고 한다. 나는 평소에 사업에 관심이 많았기 때문에 사업에서 무엇이 가장 중요한지 물었다. 그들은 가장 중요한 것은 없고, 모든 것이 중요하다고 하셨다. 하지만 일단은 안정적인 수요의 확보가 중요하다는 것을 알려주었다. 나는 이와 같은 여러 가지 중요한 인생의 소중한 조언을 들으면서 즐겁게 저녁 식사를 했다.

방에 돌아와서 또 짐 싸는 것을 잊었다는 것을 알고 나는 밤새 짐을 쌌다. 그 과정에서 다 치우지 못해 마크 부모님께 피해를 끼쳐서 죄송할 뿐이다. 마크의 아버지는 새벽 5시라는 이른 시간에 나를 공항까지 차로 태워주셨다. 마크의 부모님은 정말 내게는 분에 넘치는 따뜻함만 주셨다.

이번에 다시 캐나다에 돌아가면 꼭 그 은혜를 갚고 싶다. 영어 하나 배우자고 간 워킹홀리데이지만 돌이켜보면 마크의 가족을 비롯해 좋은 사람들을 정말 많이 만났고 그들로부터 영어 외에도 삶의 여러 부분에 있어 중요한 것을 많이 배웠다. 혈혈단신으로 떠나 용케 무사히 한국으로 돌아온 내 자신에게도 고맙고 대견하지만 나를 도와준 많은 사람들이 없었다면 지금의 나 또한 없었음을 이 글을 통해 말하고 싶다.

나를 떠나보낼 때, 어머니는 그저 '세상의 따뜻함'을 간절히 믿으며 나를 보낸다고 하셨다. 어머니가 믿으셨던 '세상의 따뜻함'을 캐나다에서 만났다. 캐나다에서 나의 생활은 그들이 있었기 때문에 안전하고 행복했다. 그들 한명 한명이 나의 어머니였고 선생님이었고 수호신이었다. '인생은 혼자 사는 것'이라는 말이 있지만 나는 전혀 그렇지 않았다. 태평양을 건너 홀로 캐나다로 갔지만 돌아올 때는 결코 혼자가 아니었기 때문이다. 많은 사람들과의 사랑스러운 추억을 가득 품은 채 무사히 돌아왔다. 이 모든 것이 세상의 따뜻함과 나를 믿어준 내가 이 세상에서 제일 사랑하고 존경하는 어머니 덕분이라고 생각한다.

캐나다 워킹홀리데이를 다녀오기 전과 비교했을 때 나는 뭐가 달라졌을까?

내 안에는 실로 많은 변화가 있었다. 2녀 1남 중 장녀로 태어난 것 때문인지 아니면 전학을 많이 다닌 탓인지 나는 착한 아이 콤플렉스 같은 것이 있었다. 내가 이렇게 행동하면 저 사람은 나를 어떻게 생각할까? 혹시나 남의 기분을 상하게 하지는 않을까? 두려워하면서 내 자신이 원하는 것을 무시하고 희생한 채 살아왔다. 그래서 공부도 남들이 잘한다 할 만큼 적당히 하고 대학도 적성과 흥미를 고려하지 않고 오직 학교 이름만 보고 갔다. 계속 쭉 그렇게 살았으면 취직도 대학을 선택할 때와 마찬가지로 흥미나 적성을 고려하지 않은 채 '남들이 알아주는' 대기업으로 정했을 것이다.

계속 남이 원하는 대로만 살아서일까. 캐나다에 다녀오기 전 내겐 꿈 같은 것은 없었다. 다만 무언가로부터 탈출하고 싶은 마음과 독립하고 싶다는 욕구로 막연히 캐나다로 떠난 것이었다.

하지만 캐나다에 거주하는 동안 새로운 사람을 만나며 견문을 넓히고 많은 일들을 스스로 선택하는 과정에서 조금씩 변해가는 것을 느꼈다. '다시 시작하고 싶다. 지금이라도 늦지 않았다면, 내게 한번만 기회가 주어진다면 모든 걸 다시 시작하고 싶다.' 이렇게 생각하게 됐고 캐나다 대학에 진학하고자 결심했다.

내가 선택한 인생, 내가 선택한 길. 과연 어떤 일들이 앞으로 내 앞에

펼쳐지고 어떤 사람들을 만나게 될까?

"우리의 베이스 캠프는 한국이지만 우리의 무대는 전 세계입니다. 세계는 생각보다 넓지 않습니다."라는 한비야의 말이 떠오른다. 내 영혼의 베이스캠프인 Korea! 몇 년 만 기다려다오. 나는 지금 세계를 향해 간다!

마지막으로 이 책이 만들어지기까지 도움을 준 모든 지인들과 출판사, 부모님께 감사드린다.

다시 돌아간 캐나다

토론토 대학교 1학년 과정을 마치고 여름학기를 듣고 있는 시점에서 후기를 쓰고 있다. 그동안 캐나다에 대해서 더 많이 알게 되어 책을 쓰던 당시보다 더욱 자신감 있게 후기를 쓸 수 있어 좋은 일이라는 생각이 든다. 후기를 쓰기 전에 토론토 시내를 걸어 다니며 무엇을 쓸까 종일 고민했다. 젊음이 한창인 때 이곳에 와서 무엇을 잃고 무엇을 얻었는지 그리고 한국에서 보내는 것과 캐나다에서 보내는 것의 '차이'는 무엇인지 생각하게 되었다.

캐나다에 와서 잃은 것이 있다면 가족과 함께 하는 시간이다. 집에 가면 가족과 즐겁게 시간을 함께 보내던 것이 당연했는데 지금은 가족 없이 나 혼자라는 사실이 가끔은 견디기 힘들 때가 있다. 하지만 한국을 떠나면서 북미지역에 자리 잡기 전까지는 돌아가지 않겠다고 다짐했다. 가족에 대한 그리움은 항상 내가 여기에 왜 있는지, 내가 처음 결심했던 마음은 무엇인지 상기시키며 나를 항상 다독여 준다.

토론토 대학에 오기 전 혹시나 영어실력 부족으로 수업을 따라가지 못하면 어쩌나 하는 고민을 많이 했었다. 하지만 1년간 가족에 대한 그리움을 참으며 기숙사에서 일어나면 바로 도서관으로 가 하루를 그곳에서 살다시피 한 까닭에 별 어려움 없이 수업을 받을 수 있었다. 또한, 좋은 성적도 받았다. 좋은 학업성적과 영어 실력 향상 등 많은 것을 얻었고 무엇보다 더 많은 기회들이 유학생활로 인해 펼쳐졌다는 것은 의심할 여지가 없다. 하지만 토론토에 있으면서 얻은 것 중 가장 값진 것을 들자면 '나 자신의 또 다른 발견' 이다.

워킹홀리데이와 유학생활을 경험하면서 한국인 유학생 친구보다는 다양한 문화적 차이를 가진 외국인과 교류하려고 노력했다. 왜냐하면 '다름' 을 배워야 한다고 생각했기 때문이다. 그리고 외국인과 잦은 교류를 맺으면서 다양한 문화를 알게 되었고 습관이 된 한국 문화의 틀이 점점 깨지는 것을 느낄 수 있었다.

어떤 문화가 더 우월하고 열등한 것이 아니라 그저 '다르다' 라는 것을 몸소 느끼면서 내가 20여 년간 옳다고 생각했던 규범들이 그저 하나의 문화에서 정의된 것에 불과할 뿐이었다는 것을 깨달았다. 그 후로 어떤 문화적인 틀에 얽매이기 보다는 좀 더 자신 스스로의 내면을 탐구하려는 노력에 귀 기울이기 시작했다.

자신을 솔직하게 표현하는 삶이, 인생을 더욱 사랑하게 만든다는 것을 깨닫게 되었다. 그리고 이제는 하루하루 목적지가 어딘지도 모른 채 가고 싶지도 않은 길을 달리라고 압박하던 자신의 테두리가 조금씩 사라지고 있음을 느끼고 있다. 내 삶을 행복하게 만드는 이런 변화는 내가 얻은 것 중 가장 소중한 것이고, 이 후기를 통해 가장 말하고 싶은 것이다.

이처럼 캐나다 워킹홀리데이는 생각지도 못한 내 인생의 전환점이 되어 생각과 행동에 많은 변화를 주었으며 또한, 미래의 꿈을 실현할 수 있는 많은 가능성을 열어주고 있다. 주어진 기회를 맞이하면서 최대한 열린 마음을 가졌던 것이 바로 이런 변화를 가져 온 것 같다. 비록 아직 그 무언가를 이룬 것은 아니고 이제 겨우 1학년을 마쳤지만, 현재 타인이 설계하고 타인으로부터 강요받는 삶이 아니라 스스로의 선택에 따른 삶을 살고 있다는 것에 아주 만족하고 있다.

한편으로는 너무 과분한 기회가 아닌가 하는 생각이 들 때도 있다. 시도하지 않고 후회하는 인생보다 좀 넘어져서 실패하더라도 시도하는 자세가 좋다. 한순간 실수하여 넘어지더라도 배운 셈치고 훌훌 털고 다시 일어날 자신감이 생겨나고 있다

후기를 쓰는 동안 새벽에서 아침이 되었다. 17층 내방에서 이른 아침인데도 불구하고 많은 사람과 차가 움직이는 것이 보인다. 도시가 살아 꿈틀대며 마치 내게 "모든 것은 이제 시작일 뿐"이라고 말을 건네는 것 같다.

중앙생활사
중앙경제평론사

Joongang Life Publishing Co./Joongang Economy Publishing Co.

중앙생활사는 건강한 생활, 행복한 삶을 일군다는 신념 아래 설립된 건강·실용서 전문 출판사로서 치열한 생존경쟁에 심신이 지친 현대인에게 건강과 생활의 지혜를 주는 책을 발간하고 있습니다.

캐나다 워킹홀리데이 노하우

초판 1쇄 발행 | 2012년 10월 22일
초판 3쇄 발행 | 2015년 4월 10일

지은이 | 김예림(Yelim Kim)
펴낸이 | 최점옥(Jeomog Choi)
펴낸곳 | 중앙생활사(Joongang Life Publishing Co.)

대　　표 | 김용주
책 임 편 집 | 문희언
본문디자인 | 박정윤

출력 | 영신사　종이 | 한솔PNS　인쇄·제본 | 영신사

잘못된 책은 구입한 서점에서 교환해드립니다.
가격은 표지 뒷면에 있습니다.

ISBN 978-89-6141-100-4(13980)

등록 | 1999년 1월 16일 제2-2730호
주소 | ㉾ 100-826 서울시 중구 다산로20길 5(신당4동 340-128) 중앙빌딩
전화 | (02)2253-4463(代)　팩스 | (02)2253-7988
홈페이지 | www.japub.co.kr　블로그 | http://blog.naver.com/japub
페이스북 | https://www.facebook.com/japub.co.kr　이메일 | japub@naver.com
♣ 중앙생활사는 중앙경제평론사·중앙에듀북스와 자매회사입니다.

※ 이 도서의 국립중앙도서관 출판시도서목록(CIP)은 서지정보유통지원시스템 홈페이지(http://seoji.nl.go.kr)와 국가자료공동목록시스템(http://www.nl.go.kr/kolisnet)에서 이용하실 수 있습니다.(CIP제어번호:CIP2012004227)